Elke Franke / Alexander Meyerovich

Magie der Kirchenfenster

Herstellung und Geschichte

von farbigem Glas

Kurzvita der Autoren

Dr. Elke Franke studierte Philosophie, Gräzistik und Theoretische Sprachwissenschaft mit Schwerpunkt Klassisch Arabisch an der Universität Konstanz. Sie war Stipendiatin der Studienstiftung des deutschen Volkes und der Deutschen Forschungsgemeinschaft. Nach der Promotion folgte ein Forschungsaufenthalt am Max-Planck-Institut für Wissenschaftsgeschichte in Berlin. Sie widmete sich unter anderem folgenden Schwerpunkten: Griechische Philosophie und graeco-arabische Wissenschaften.

Parallel dazu baute sie ein Lektorat auf und ist seit nahezu zwanzig Jahren hauptberuflich als Wissenschaftslektorin, Texterin und Autorin von populärwissenschaftlichen Büchern tätig. Die Begeisterung für das geschriebene Wort, für Sprache und Texte ist bis heute Antriebsfeder für diese Tätigkeit.

Zudem arbeitet sie als Dozentin für alte Sprachen und alte Schriften in der Erwachsenenbildung.

Dr. Alexander Meyerovich, Jahrgang 1953, studierte anorganische Chemie und Hydrometallurgie der Buntmetalle an der Moskauer Staatlichen Universität für Stahl und Legierungen - MISiS (Nationale Universität Wissenschaft und Technologie MISiS in Moskau) und promovierte dort auf dem Gebiet der Hydrometallurgie der Edelmetalle.

Über 15 Jahre hatte er führende Positionen im Bereich Forschung und Entwicklung bei internationalen Unternehmen in der Schweiz und Deutschland inne.

Die Ergebnisse seiner Arbeiten finden sich in mehr als 100 wissenschaftlichen Veröffentlichungen in Büchern, Fachzeitschriften und 22 europäischen und internationalen Patenten. Er ist Autor erfolgreicher populärwissenschaftlicher Artikel und Bücher, die in der Schweiz, in Deutschland und Russland veröffentlicht wurden.

Inhaltsverzeichnis

„Eine Kunstrichtung hat sich erst dann durchgesetzt, wenn sie auch von den Schaufensterdekorateuren praktiziert wird."

Pablo Picasso (1881-1973)
spanischer Bildhauer und Maler

Einleitung

Wer jemals eine gotische Kathedrale gesehen hat, wird nie wieder die majestätische Silhouette mit den mächtigen Strebewerken und schlanken Türmen, die bis in den Himmel zu reichen scheinen, vergessen. Betritt man das prächtige Bauwerk, fallen sofort die skurrilen Farbstrahlen ins Auge, die den Innenraum erhellen. Die farbigen Glasfenster, die nicht isoliert, sondern zusammen mit den architektonischen Elementen eines Gebäudes betrachtet werden müssen, stehen vor allem mit gotischen Kathedralen in einem engen Zusammenhang.

In einer Kirche finden sich in Abhängigkeit von der Bauzeit unterschiedliche Glasfenster: Sprossenfenster, romanische und gotische Bogenfenster, Dreifachfenster, Butzenglasfenster, Kreuzstockfenster, Glasfenster mit jeweils querrechteckigen Feldern und abschließenden kleeblattbogigen Kopfscheiben sowie modernen Glasfassaden. Einige Kirchenfenster werden durch eine Maßwerkbrücke halbiert, das bedeutet in ein Ober- und Unterfenster unterteilt. Bei künstlerisch gestalteten Farbglasscheiben, die als Fenster in ein Gebäude eingebaut werden sollen, besteht der erste Arbeitsschritt darin, dass sich der mit dem Entwurf beauftragte Künstler vor Ort begibt, um sich mit den genauen Abmessungen, der Orientierung und den Lichtverhält-nissen vertraut zu machen.

Besonders die Lichtverhältnisse sind für die gestalterische Farbgebung der Fenster ausschlaggebend. Das Licht bahnt sich seinen Weg durch das Buntglasfenster und gehorcht ganz den Launen des Künstlers, der eine Vielzahl von Farben auf die Glasfenster einer Kirche aufgebracht hat. Es erweckt teilweise den Anschein, als ob das vom durchdringenden Sonnenlicht mit einem transparenten Muster bedeckte Fenster brennt.

Kirche und Kunst gehörten jahrhundertelang eng zusammen. Ein Künstler arbeitete als Handwerker bis ins 15. Jahrhundert überwiegend für religiöse Auftraggeber. Das trifft sowohl auf die Bildhauer mit ihren wunderschönen Skulpturen zu als auch auf die Baumeister der Gotteshäuser und auf die Schöpfer der Kirchenglasfenster. Diese Kirchenglasfenster symbolisieren den Übergang von der materiellen in die immaterielle Welt.

Wenn die Sonne durch die bunten Scheiben scheint, leuchtet der Kirchenraum in den schönsten Farben. Johann Wolfgang von Goethe vergleicht Kirchenfenster mit einem schönen Gedicht und bezeichnet sie als „gemalte Fensterscheiben“: „Gedichte sind gemalte Fensterscheiben! / Sieht man vom Markt in die Kirche hinein, / Da ist alles dunkel und düster; / […] Kommt aber nur einmal herein! / Begrüßt die heilige Kapelle.“

Kirchenglasfenster sind häufig mit biblischen Motiven aufwendig gestaltet und erzählen Geschichten aus der Heiligen Schrift. Auf manchen Kirchenfenstern lassen sich beispielsweise aus der Bibel bekannte Heilige und Propheten entdecken. In der Glasmalerei des Mittelalters wurden auch die Themen der kirchlichen Feste wie Weihnachten oder Ostern sowie die Ankündigung der Geburt Jesu oft aufgegriffen und nach dem biblischen Text illustriert. Da die katholische Kirche die Muttergottes Maria besonders verehrt, bildet sie das Thema vieler Fenster und wird oftmals als „Himmelskönigin" dargestellt. Manche Fenster sind bunt verglast, etwas seltener findet sich eine monochrome Ausführung.

Einige Glasfenster stellen eine Huldigung an die Sonne dar, die die heiligen Stätten in einem besonders schönen Licht erstrahlen lassen, doch die einzelnen handgemalten Fensterscheiben können eben auch auf religiöse Geschichten verweisen. Denn für den Religionsunterricht der Bevölkerung verwendete die Kirche nicht nur das Wort, sondern auch Bilder, Zeichnungen, Gemälde, Mosaike und Buntglasfenster. Die Reichen und Gebildeten waren in der Lage, Bücher zu lesen, doch der vorwiegend analphabetischen Bevölkerung mussten die Inhalte visuell mitgeteilt werden. So wurden Kirchenfenster mit biblischen Geschichten zur Vermittlung der Glaubensinhalte eingesetzt. In vielen Kirchen stellten die Buntglasfenster eine sogenannte „Bibel für die Armen" dar. Dabei ging es allerdings selten um einzelne Fenster, sondern um eine ganze Reihe von Fenstern, auf denen die biblischen Geschichten in Stationen erzählt wurden. Die farbenprächtigen Fenster waren sozusagen die Bilderbücher des Mittelalters. Jeder, der eine Kirche betrat, konnte auf diese Weise die Bibel kostenlos studieren. Eines der Hauptziele der Bibel für die Armen bestand darin, den Menschen „einen Weg zur Erlösung" zu zeigen.

Im Lauf der Jahrhunderte mussten die Kirchenfenster so manches Unheil überstehen, angefangen von Steinwürfen über Hagelschauer bis hin zu Kanonen und Bombeneinschlägen.

Im 17. Jahrhundert in England zerschlugen die Puritaner während der Reformation die meisten der gotischen Kirchenfenster, um England vom römisch-katholischen Einfluss zu befreien – das englische Wort „purification" bedeutet „Reinigung". Erhalten geblieben sind nur die Kirchenfenster, die ganz oben, in der oberen Wandfläche, eingebaut worden waren, einfach deshalb, weil sie dort mit Steinen und Stöcken nicht erreicht werden konnten. Im Jahr 1793 ereignete sich die gleiche Geschichte noch einmal während der Französischen Revolution in Frankreich.

Besonders viele Kirchen in Europa wurden durch Bombenangriffe während des Zweiten Weltkrieges zerstört. Die meisten mittelalterlichen Glasfenster, allesamt Unikate, zersplitterten. Nur wenige der alten Glasfenster sind noch erhalten. Einige konnten restauriert werden, andere wurden durch moderne Fenster ersetzt. Mehrere Kirchenfenster wurden nach der Zerstörung aus verschiedenen Teilen von Glasscheiben als „Collagen" neu zusammengesetzt, sodass sie keinen zusammenhängenden Inhalt mehr aufweisen. So finden sich hier (Abbildung 1) einzelne Fragmente von Glasscheiben, wie Pfeilbögen, Robenfalten, Thronfüße, Teile von Gesichtern, fliegende Engel und Inschriftenfetzen, die nach Größe und Form gesammelt und neu zusammengesetzt wurden, aber keine Botschaft mehr enthalten. In Abbildung 2 ist ein solches Fragmente-Fenster zu sehen. Bei dem – bislang noch – namenlosen Fenster handelt es sich um eine unbekannte bzw. nicht erhaltene Verglasung.

Abbildung 1: Collage „Jungfrau und das Kind“ aus Fragmenten mittelalterlicher Kirchenfenster. Kirche Saint-Maclou von Rouen, Frankreich.

Abbildung 2: Collage aus Fragmenten verschiedener Glasfenster aus dem 16. Jh. Saint-Johannis-Kirche von Gouda, Holland.

Doch auch vollständig erhaltene Kirchenfenster können einem Besucher wie ein visuelles Chaos vorkommen. Beim Betreten einer gotischen Kathedrale etwa findet man sich in einem farbigen Lichtstrom wieder, aus dem heraus es schwierig ist, die einzelnen Motive zu identifizieren. Um das Glasfenster richtig zu lesen, ist es notwendig, den Anfang und das Ende einer Geschichte zu finden und zu verstehen, wie die Segmente eines Glasfensters, auf denen die Geschichte verteilt ist, logisch miteinander korrelieren. Einzelne Szenen sind oftmals in geometrische Formen – große und kleine Quadrate, Kreise, Vierpasse, Nonnenköpfe, Fischblasen, Sterne usw. – eingeschlossen, um die wichtigsten Episoden von weniger wichtigen zu trennen sowie die eigentlichen Szenen von ihren Kommentaren abzugrenzen. Die Szenenfolge ist hier nicht wie ein Zyklus von Miniaturen wie in Manuskripten oder in einer Episodenreihe auf Fresken aufgebaut; für das Lesen der Kirchenfenster gibt es eigene Regeln.

In diesem Buch soll die Komplexität der Herstellungstechnologie eines Glasfensters vorgestellt werden sowie die Kunst, die vielfältigen Farben der Buntgläser zu entwickeln. Wie wurde Glas hergestellt? Seit wann beherrschen die Menschen die Herstellung von buntem Glas? Worin liegt das Geheimnis der farbigen Fenster? Darauf wird im Folgenden detailliert eingegangen. Zunächst geht es um die Glasherstellung in alten Kulturen, etwa bei den alten Ägyptern, und im Mittelalter. Es wird zudem aufgezeigt, welche Metalle, Erden und Mineralien für die Glasfärbung verwendet wurden. Schließlich ist das vorliegende Werk die lange Geschichte von buntem Glas und bunten Kirchenfenstern.

Glasherstellung

Herstellung von Glas in alten Kulturen

Für die Menschen heute ist Glas oftmals nur ein billiges Material, ohne jeden Wert, sofern es nicht einer besonderen Veredelung unterzogen wurde. Ganz anders verhält es sich in der klassischen Antike der Griechen und Römer sowie den Hochkulturen des Nahen Ostens, Ägyptens oder Kleinasiens. Glas wurde bis in die römische Zeit, bis nach der Erfindung der Glaspfeife, als kostbares Material gesehen.

Die Informationen über das Ursprungsgebiet von Glas sind widersprüchlich und unklar. Es sind jedoch Verbindungen zur Metallherstellung und zur Keramikproduktion zu erkennen. Gerade die Metallurgie wird insbesondere aufgrund der farbgebenden Pigmente im Zusammenhang mit der Glasherstellung genannt. Archäologen und Historiker vermuten, dass das Wissen um die verschiedenen Metalloxide, insbesondere das Eisen- und Kupferoxid, seinen Weg von der Metallurgie in das Glashandwerk gefunden hat. Ebenso wird oftmals eine Verbindung zu der im Metallhandwerk angewandten Methode des Gusses gesehen. Was die Keramikproduktion betrifft, lässt sich auch hier ein Zusammenhang erkennen. Glasuren, die auf Keramikgefäße aufgetragen werden, haben eine ähnliche Zusammensetzung wie Glas. Auch spätere Formen von Glasobjekten lehnen sich an die von Keramikgefäßen an.

Glas ist aber mitnichten eine menschliche Erfindung. Denn tatsächlich kommt Glas auch in der Natur vor und es gibt Naturgläser wie Tektit und Obsidian. Tektit ist ein natürliches Glas, das hauptsächlich aus Siliziumdioxid mit Verunreinigungen von Soda, Kalk und Eisen besteht. Auch Obsidian ist ein bei Vulkanausbrüchen gebildetes Naturglas, das sich bei einer schnellen Abkühlung von Lava bilden kann, vorausgesetzt, diese verfügt nur über einen geringen Wasseranteil. Derartiges Vulkanglas wurde bereits in der Steinzeit vor etwa 9000 Jahren von Menschen genutzt. Die ältesten Glasgegenstände, auf die Archäologen stießen, sind scharfe Plättchen und Pfeilspitzen, die in der Steinzeit mithilfe des Abhackens von Vulkanglas angefertigt wurden. Der Steinzeitmensch benutzte solche natürlich entstandenen glasigen Gesteine bereits zur Herstellung von Schneidewerkzeugen, Waffen und Schmuck (Abbildung 3).

Abbildung 3: Pfeil- und Speerspitzen aus Obsidian. Etwa 15.000 v. Chr. Eremitage, Sankt Petersburg, Russland.

Andere Arten von Naturglas entstehen beim Aufprall von Meteoriten durch Aufschmelzung des Gesteines, aber auch durch Gewitter über Sandlandschaften wie Wüsten, wenn Blitze in den Sand einschlagen und durch die Hitzeentwicklung Quarzglas oder Kieselglas, das überwiegend aus amorphem Siliziumdioxid besteht, erzeugt wird.

Nach Plinius dem Älteren, der im 1. Jahrhundert n. Chr. lebte, sind die Menschen ca. 3000 Jahre v. Chr. durch Zufall bei der Verarbeitung von Töpferware auf die künstliche Glasherstellung gestoßen. Archäologischen Funden zufolge wurden die ersten künstlich hergestellten Gläser im 3. Jahrtausend v. Chr. in Mesopotamien und im alten Ägypten angefertigt. Glasuren – das heißt Glas auf einem Träger – sind seit der Wende vom 5. zum 4. Jahrtausend v. Chr. bekannt. Die Sumerer verwendeten eine glasartige Glasur für die Färbung der konischen Dachziegel ihrer Tempel und die Ägypter lernten im 2. Jahrtausend v. Chr., Glasgefäße aus spiralgewickeltem Buntglas herzustellen.

Die alten Ägypter waren Monopolisten, was die Glasproduktion betrifft. Wie Archäologen bei Ausgrabungen im ägyptischen Qantir, östlich des Nildeltas, aufgrund von an Keramikbruchstücken anhaftenden Glasresten herausfanden, stellten sie das höchst wertvolle Material in einem aufwendigen zweistufigen Prozess her.

Um 1250 vor Christus fertigten die Ägypter und die Völker des Vorderen Orients Glasblöcke aus Quarzsand und Pottasche. Im ersten Schmelzschritt bei rund 900 Grad Celsius wurden Quarzsand und Pottasche in Keramikgefäßen zu einer noch unreinen Glasmasse geformt. Anschließend wurde die Keramik abgeschlagen und das Zwischenprodukt zertrümmert, um es von Verunreinigungen zu befreien. Durch einen weiteren Schmelzvorgang bei über 1000 Grad Celsius entstanden in offenen Keramiktiegeln Glasrohlinge von etwa zehn Zentimetern Dicke.

Die Menschen des Vorderen Orients haben Glas aus Quarzsand und Pflanzenasche geschmolzen und heiß verarbeitet. Durch das Beimischen von Mineralien, Metallverbindungen und Metalloxiden waren die Glasmacher in der Lage, verschiedenfarbige Glasblöcke herzustellen. Die verschiedenen Produktionsstätten hatten sich auf unterschiedliche Farben spezialisiert. Händler transportierten die Glasblöcke dann weiter zu anderen

Werkstätten, zu Künstlern oder anderen Herstellern von Glaswaren.

So entstanden, nach heutigem Wissensstand, die ersten gläsernen Artefakte in Ägypten im 16. Jahrhundert v. Chr. Den neuen Werkstoff betrachteten die Menschen des Vorderen Orients, Ägyptens und des Mittelmeerraums als künstlichen Stein und bewerteten ihn nach Gold und Silber wie Lapislazuli und Türkis. Die Ägypter und später die Griechen nannten ihn neben anderen Bezeichnungen treffend „flüssigen Stein“.

In der Pharaonenzeit während der Epoche des Neuen Reiches war ab etwa 1500 v. Chr. die Herstellung von gläsernen Luxusgegenständen wie Schmuck, Fläschchen für Düfte und Glasskulpturen weitverbreitet. Bekannte Herstellungszentren finden sich zur Zeit von Amenophis III. und Amenophis IV. – der auch unter dem Namen Echnaton bekannt ist – in Malqata und Tell el-Amarna. Plinius (Naturalis Historia V, 19) und Strabo (XVI, 758) erwähnen den Quarzsand von Akko, der in der Glasherstellung eine zentrale Rolle spielte. Aus der Zeit der 19. und 20. Dynastie (ca. 1290 bis 1145 v. Chr.) im sogenannten Neuen Reich des alten Ägyptens sind Werkstätten in Lischt und Menschijeh bekannt. Als archäologische Überreste sind Tiegelreste, Holzkohle, Farbzutaten, Fritte, Glasschlacke, Rohglasklumpen, Glasproben, Glasstreifen, Glasröhren sowie große Mengen von Glasbruch überliefert (Abbildung 4).

In der Spätbronzezeit (ca. 1300 bis 800 v. Chr.) machte die Technologie der Glasherstellung in Ägypten und im Nahen Osten, zum Beispiel in dem im heutigen Israel gelegenen Megiddo, einen gewaltigen Sprung. Zu den archäologischen Funden zählen unter anderem Barren und Gefäße aus Farbgläsern (Abbildungen 5 und 6).

Damals war das Verfahren, um Hohl- und Flachglas zu verarbeiten, noch unbekannt. Erst um das Jahr 100 v. Chr. verwendeten die Römer das Mundblasverfahren als Technologie, um Flachglas herzustellen. In jener Zeit war Glas immer noch ein wertvolles Gut, aber offensichtlich lag das Monopol für die Herstellung nicht mehr wie bisher in den Händen der Herrscher. Wer genau die Glaswerkstätten betrieben hat, ist allerdings bis heute nicht bekannt.

Glasplättchen wurden schon von den Römern in zwei

Hauptverfahren hergestellt. Die Glasmasse wurde mithilfe einer Glaspfeife mit großer Sorgfalt geblasen und bearbeitet. Beim ersten Verfahren wurden vom Glaszylinder kleine Stückchen abgeschnitten und im warmen

Abbildung 4: Altägyptische Gussform. In diesem Gefäß wurde Glas geschmolzen und gefärbt. ©Foto Science

Zustand geglättet. Mithilfe des zweiten Verfahrens wurde zuerst ein „Kronglas" hergestellt. Dazu wurde eine Kugel aus der Glasmasse herausgeblasen, die danach gegenüber dem Ausgangsloch durchstoßen wurde; schließ-

Abbildung 5: Ohrschmuck. Ägypten, 18./19. Dynastie, Mitte 14. – Mitte 11. Jh. v. Chr. Glasmuseum in Düsseldorf.

Abbildung 6: Amphoriskos. Östliches Mittelmeergebiet, 5.-4. Jh. v. Chr. Glasmuseum in Düsseldorf.

lich wurde mit einer schnellen Drehung die sphärische Oberfläche durch die Zentrifugalkraft geglättet.

Beide Verfahren waren zwar aufwendig, jedoch auch noch im Mittelalter gängige Praxis, was die Herstellung von Glasfenstern sehr teuer werden ließ.

Das erste bekannte „Handbuch" über Glasherstellung ist die Tafel aus der Bibliothek von König Assurbanipal aus dem Assyrischen Reich, die etwa auf 650 v. Chr. datiert werden kann: „Nimm 60 Teile Sand, 180 Teile Asche aus Meerespflanzen und 5 Teile Kreide und du erhältst Glas." Bis heute verwenden die Menschen im Wesentlichen die gleichen Rohstoffe, nur in anderen Mengenverhältnissen.

Ungefärbtes durchsichtiges Glas, der Experte spricht von Kalk-Natron-Glas, wird auf der Basis von Siliziumdioxid mit variabler Zusammensetzung hergestellt. Dies ist ein Stoff, der vom Strandurlaub her bekannt ist, es handelt sich dabei nämlich um Quarzsand oder Quarzgestein. Er diente zu Pulver zerrieben als Hauptbestandteil bei der Glasherstellung.

Die Glasproduktionsstätten wurden in der Nähe von

Lagerorten, an denen Quarzsand gewonnen wurde, aufgebaut. Der reine Quarzsand, aus dem das Glas hergestellt wurde, wird bei einer Temperatur von 1600 Grad Celsius geschmolzen. Im Altertum und Mittelalter war es jedoch sehr problematisch, besonders hohe Temperaturen im Ofen zu erzielen.

Neben dem Quarzsand werden dem Grundgemisch eine ganze Reihe von Stoffen beigemengt, die Sorge dafür tragen, dass das Glas die gewünschten optischen und strukturellen Eigenschaften erhält.

Um die Schmelztemperatur des Quarzgesteines von 1600 Grad Celsius auf eine Temperatur von 1200 bis 1300 Grad Celsius zu reduzieren, wurde dieses Quarzgestein mit einem alkalischen Flussmittel im Verhältnis 1:2 vermischt. Dieses alkalische Flussmittel war nichts anderes als Holzasche, die einen höheren Anteil an Natrium- und Kaliumkarbonaten hatte. Geschmolzen wurden die Glaskomponenten in einem Schmelzbehälter.

Das hergestellte Glas war nahezu klar und durch Wettereinflüsse leicht zerstörbar. Für eine Verbesserung der Glaseigenschaften wurde in die geschmolzene Glasmasse als dritte Komponente Kalk, Kalkstein oder Kreide zugegeben. Alle drei haben dieselbe chemische Formel: $CaCO_3$. Beim Schmelzen wird als Erstes das Alkalimetalloxid geschmolzen, danach Kalkstein und als Letztes Quarz. Je mehr Alkalimetalle in der Glasmasse sind, desto niedriger ist ihre Schmelztemperatur.

Die wichtigen chemischen Reaktionen treten bereits in der Erwärmungsphase auf: Beispielsweise wird ab einer Temperatur von 600 Grad Celsius das Kohlenstoffdioxid (CO_2) ausgeschieden. Wird eine Temperatur von mehr als 800 Grad Celsius erreicht, beginnt der Schmelzvorgang einzelner Phasenteile, die im weiteren Verlauf immer weiter zunehmen, bis ab einer Temperatur von ca. 1150 Grad Celsius eine zähflüssige Schmelze vorliegt. Die zähflüssige Schmelze besitzt, neben hauptsächlich flüssigen Anteilen, auch teilweise gasförmige Reaktionsprodukte und vereinzelt höherschmelzende feste Anteile. Zu Letzteren zählt hauptsächlich Quarz.

Abschließend wird die Temperatur je nach Glasart auf bis zu 1600 Grad Celsius erhöht, damit auch noch die letzten verbliebenen festen Bestandteile des Glases in die flüssige Glasmasse übergehen. Ist dieser Vorgang, der oft bis zu 24 Stunden in Anspruch nimmt, erfolgreich durchgeführt, ist auch der eigentliche Schmelzprozess beendet. Da der Quarzsand vorwiegend aus Siliziumdioxid besteht, bilden sich nach diesen Reaktionen Silikate, mit anderen Worten die Natrium-, Kalium- und die Calciumsalze der Kieselsäure.

Im alten Ägypten wurden in der Glasherstellung meistens Rezepturen mit einem höheren Anteil an Oxiden der Alkalimetalle, und zwar bis zu einem Massenanteil von 30 Prozent, und einem kleinen Kalkanteil, von ca. drei bis fünf Prozent, verwendet.

Weiche Gläser verwittern an der Luft und vor allem in wasserdurchlässigen Böden relativ stark. Oft geht die Verwitterung bis in den Glaskern. Eine chemische Analyse, die den Ausgangszustand des Glases erfassen soll, ist deshalb oft sehr unzuverlässig.

Heutigen modernen Untersuchungen zufolge, die T. E. Haevernick durchführte, ergab die chemische Analyse eines noch wenig verwitterten mykenischen Glases aus der späten Bronzezeit folgende Werte (in Massenprozent): 60,5 SiO_2, 2,1 $A1_2O_3$, 0,6 Fe_2O_3, 19,0 Na_2O, 8,6 CaO. Die Tonerde (Al_2O_3), die durch eine chemische Analyse nachgewiesen werden konnte, gelangte von den Wänden der keramischen Tiegel für das Glasschmelzen ins Glas.

Bei Ausgrabungen in Olympia wurden Gussformen für Glas mit Glasresten gefunden, die ins 5. Jahrhundert v. Chr. datiert wurden. Es zeigte sich, dass die griechische Glastechnik aus der klassischen Zeit (etwa 500 bis 336 bzw. 323 v. Chr.) auf eine alte, einheimische, handwerkstechnische Tradition zurückgeht.

Als im Hellenismus (336/323 bis 30 v. Chr.) die Schmelztechnik verbessert wurde, wurde der Anteil der Oxide von Alkalimetallen auf 16 bis 17 Prozent gesenkt, während der Kalkanteil auf zehn Massenprozent erhöht wurde. Im Hellenismus gab es zudem eine weitere Entwicklung in der Glastechnologie mit Farbmischung, um eine Mosaikstruktur zu erhalten.

In den Städten wurde das Glas in Glashütten oftmals in Barrenform bearbeitet. Solche Barren wurden zum Beispiel in einem gesunkenen spätbronzezeitlichen Schiffswrack aus dem 14. Jahrhundert v. Chr. in Uluburun vor der Südwestküste der Türkei gefunden. Das Schiff war sowohl mit ca. 350 Kilo aus Ägypten stammendem Blauglas als auch mit Kupfer- und Zinnbarren beladen. Glasbarren wurden durch das Ausgießen der Schmelze und danach durch das Ausrollen des geschmolzenen Glases in einer Tonform hergestellt. Nach diesem Verfahren hatte das Glas eine Dicke von ca. zehn Millimeter und eine Fläche von einem halben Quadratmeter. Da die an der Form anliegende Glasseite sehr rau war, war das Glas nicht ganz durchsichtig.

Eine technische Revolution stellte die Erfindung der Glasbläserpfeife in Syrien und die Herstellung des sogenannten „Antikglases“ um 200 v. Chr. dar. Damit ließen sich nun die aufwendigsten Formen gestalten. Als Pfeife diente ein Eisenrohr, das bis zu eineinhalb Meter lang sowie mit einem hitzeisolierten Mundstück und einer kleinen Erweiterung am anderen Ende versehen war, damit die Glasmasse hängen bleibt. Die Form des Rohrs hat sich bis heute kaum verändert. Ein Tropfen geschmolzener Glasmasse kann mit der Glasbläserpfeife zu einem Zylinder geblasen werden, der aufgeschnitten und zu einer Glastafel geglättet wird. Dadurch wird es dünner (ca. 2-3,5 Millimeter), lediglich im Randbereich kann es auch etwas dicker sein. Die Bläselung ist unregelmäßig und länglich, die Hobelung ist unterschiedlich ausgeprägt.

Durch den Herstellungsprozess bekommt das Glas eine leicht gewellte Oberfläche. Als ein Ergebnis der unvollkommenen Glasherstellung blieben im Glas nicht gelöste Sandkörner und andere fremde Einschlüsse zurück. Im Glas entstehen dadurch Bläschen, außerdem sind Glasstärke sowie deren Farbdichte oft unterschiedlich. Deswegen dringt Licht ungehindert hindurch; vorhandene Unregelmäßigkeiten können die Lichtstrahlen ablenken, sich an bestimmten Stellen sammeln, an anderen wiederum zerstreuen. Dadurch entsteht ein Leuchten und Funkeln, das mittelalterliche Gläser auszeichnet. Die Farbabweichungen von Charge zu Charge sind relativ groß und ergeben so eine großartige Erweiterung der Farbpalette. Beim modernen Antikglas versucht man, diese Unregelmäßigkeiten künstlich zu erzeugen, sodass eine ähnliche Wirkung hervorgerufen wird.

Herstellung von Glas seit dem Mittelalter bis heute

Im 1. Jahrhundert v. Chr. war das antike Rom zum Zentrum der Glasmacherkunst avanciert. Mit der Ausbreitung des Römischen Reiches gelangte die Glaskunst in den ersten drei Jahrhunderten n. Chr. bis nach Nordeuropa. So entstanden im Jahre 50 n. Chr. bereits in den Städten Trier und Köln Glasmachereien. Nach dem Rückzug der Römer aus den besetzten Gebieten in den Jahren zwischen 300 und 400 ließ sich auch ein Niedergang in der Glasmacherkunst beobachten. Viele der innovativen Techniken der Römer gerieten in Vergessenheit und gingen verloren. Die Werkstätten vereinfachten die Formen und Ausgestaltung. Die Glasmacherkunst wurde daraufhin fast vollkommen vergessen. Es dürfte insgesamt nahezu 500 Jahre gedauert haben, bis diese etwa um das Jahr 1000 wieder zum Leben erweckt wurde.

Um 1125 verfasste der Benediktinermönch Roger vom

Kloster Helmarshausen an der oberen Weser unter dem Pseudonym Theophilus Presbyter ein Werk mit dem Titel „Schedula diversarum artium“, in dem er die Glasherstellung, das Blasen von Flach- und Hohlglas sowie die Ofentechnologie beschrieb. Dieses heute noch überaus wichtige Buch enthält Beschreibungen zu Ofenbau, Werkzeugen, Glasrezepturen und Farbzusätzen, Glashäfen und Verarbeitungsweisen. Hier wird zudem das älteste bekannte Rezept des Holzascheglases (2 Teile Asche und 1 Teil Sand) erwähnt. Dafür wurde Asche von getrocknetem Buchenholz mit gesiebtem Flusssand vermischt. Diese Mischung musste 24 Stunden unter ständigem Rühren im Ofen trocknen. Anschließend wurde sie in einen Tiegel gefüllt und über Nacht unter starker Hitze geschmolzen.

Reste der Flachglasherstellung aus einer Glaswerkstätte in der bayerischen Stadt Bad Windsheim, die für die Zeit von 1393 bis 1451 dort nachweisbar ist, bestätigen die bei Theophilus Presbyter beschriebenen Verfahren. Auch vergleichbare Zusammensetzungen konnten bei wissenschaftlich analysierten Glasfunden des hohen und späten Mittelalters in Deutschland nachgewiesen werden. Vermutlich war diese Technologie die Grundlage für die Herstellung der gotischen Kirchenfenster.

Im 12. Jahrhundert feierte das Fensterglas seinen Durchbruch. Ab dem folgenden Jahrhundert verdrängte ein beidseitig glattes und dünnwandiges Fensterglas das vorherige dickwandige und kaum transparente Glas. Es entstand wohl im Zylinderblasverfahren, das aber erst mit der aufkommenden Gotik im 12. Jahrhundert wirklich Verwendung fand.

Das Erscheinungsbild der Kirchenglasfenster wird neben den Farben durch die Beschaffenheit des Glases bestimmt. Für die Kirchenfenster werden meistens vier Glastypen verwendet: Antikglas, Kathedralglas, Ornamentglas und Opaleszentglas.

Bis Ende des 18. Jahrhunderts wurde ausschließlich mundgeblasenes, sogenanntes Antikglas verwendet. Durch seine herstellungsbedingte, unregelmäßige Struktur belebt es den Lichteinfall durch Brechung. Als seit Anfang des 19. Jahrhunderts die Glasmalerei wieder in den Fokus des Interesses rückte, war die Verwendung von farbigem Antikglas zunächst unüblich. Stattdessen wurde Kathedralglas eingesetzt – das ist ein gegossenes und danach gewalztes oder gepresstes Blattglas mit narbiger, stumpfer Oberfläche. Dieses war zwar nicht ganz transparent, besaß aber dennoch eine gute Lichtdurchlässigkeit. Ein Blick durch ein solches Glas beraubte die Konturen ihrer Klarheit und stellte die Realität hinter dem Fenster als verschwommene, verzerrte Flecken dar.

Ornamentglas ist ein nicht vollkommen transparentes Glas, das mit einer ornamentartigen Struktur versehen ist. Licht scheint zwar hindurch, freie Sicht ist aber dennoch nicht gegeben. Gegenstände hinter dem Glas lassen sich nur erahnen. Dieses Glas wird durch Reliefwalzen oder Strukturwalzen der heißen Glasmasse hergestellt. Das Ornamentglas verbreitete sich zunächst während der viktorianischen Ära in England, danach im restlichen Europa und in Amerika.

Die letzte Neuerung im Bereich der Materialien ergab sich mit der Entwicklung des Opaleszentglases. Dies ist ein gegossenes Glas, das aus einer Mischung von Opal-, Milch- und Farbglas besteht. Es hat ein marmoriertes Aussehen, ist lichtdurchlässig, aber nicht durchsichtig. Opaleszentglas wurde in den frühen 70er-Jahren des 19. Jahrhunderts in Amerika von John La Farge entwickelt.

Seine Massenherstellung und Verwendung verdankte das Opaleszentglas jedoch einem anderen amerikanischen Geschäftsmann, Entwickler und Künstler: Louis Comfort Tiffany. Danach gelangte es nach Europa, in Deutschland wurde das Glas von Karl Engelbrecht eingeführt. Als völlig neuartiges Material erforderte es gänzlich neue Gestaltungsweisen.

Milch- und Opaleszentgläser in der Glasmalerei, die genug Licht durchdringen lassen, sind eine besondere Erscheinung. Die Verwendung von Opaleszentglas für Kirchenfenster erinnerte an die ersten Glasfenster in den Kirchen: Wie schon früher wurden die mit Blei verbundenen farbigen Gläser ohne Glasmalerei verwendet. Aus diesem Grund kann man das Ganze als transparentes Glasmosaik bezeichnen.

Allgemein war die chemische Beständigkeit und damit die Widerstandsfähigkeit des Glases über lange Zeiträume hinweg – für die mittelalterliche Glasmalerei etwa 400 bis 700 Jahre – gegen Verwitterung wesentlich geringer ausgeprägt als bei heutigen Flachgläsern. Die Ursache dafür liegt in der Art und im Mengenverhältnis der Materialien (Glas, Schwarzlot, Blei), die im Mittelalter verwendet wurden, und hängt zudem auch von den Herstellungstechniken, beispielsweise vom Temperatur- und Zeitverlauf des Schwarzloteinbrennens, ab.

Glas wird durch Regen und Kondenswasser, Luftfeuchtigkeit, Industrieabgase und andere schädliche Stoffe in der Atmosphäre chemisch angegriffen. Dasselbe geschieht mit Glasscheiben, die durch die Beheizung der Kirchen im Winter häufiger der Kondenswasserbildung ausgesetzt sind. Im Vergleich mit der modernen Technologie wurden im Mittelalter bei der Glasherstellung erheblich niedrigere Temperaturen verwendet. Die mittelalterliche Schmelztechnologie ist die Ursache dafür, dass die Gläser Inhomogenitäten, Blasen und Rohstoffrelikteinschlüsse aufweisen, die häufig Ausgangspunkte von Korrosionsprozessen sind.

Ferner spielt die Verfügbarkeit von Rohstoffen eine große Rolle. Zahlreiche röntgenografische Analysen zeigen, dass das mittelalterliche Glas sehr große Schwankungen in Bezug auf seine Anteile hat. Es weist einen geringeren Gehalt an Siliziumdioxid (45 bis 60 Massenprozent SiO_2) auf, dafür jedoch einen höheren Gehalt an Calciumoxid (oft um die 20 Massenprozent CaO) und vor allem sehr hohe Alkalioxidgehalte – oft weit über 20 Massenprozent, die infolge der Verwendung als Flussmittel von Pflanzenaschen fast ausschließlich als Kaliumoxid im Glas vorliegen.

Insbesondere die hohen Kaliumoxidgehalte sind ursächlich für die geringe Beständigkeit der Glasoberfläche gegen einen hydrolytischen Angriff, mit anderen Worten gegen den Einfluss von Niederschlägen. Den chemischen Mechanismus des hydrolytischen Angriffs auf die Glasoberfläche hat man sich zunächst als Austausch zwischen den leicht beweglichen Alkaliionen des Glases (Kaliumionen) und den Wasserstoffionen aus dem Wasser vorzustellen. Dadurch wird einerseits die Struktur des relativ hoch kaliumionenhaltigen Glases gelockert und andererseits sind die im Wasser gebildeten Alkalihydroxide in der Lage, das Silikatnetzwerk des Glases direkt anzugreifen. Die durch diese Reaktionen erzeugten Abbauprodukte lagern sich zum Teil als schwer lösliche Schichten auf der Oberfläche ab und verlangsamen den weiteren Angriff der Glasoberfläche. Sie wirken folglich zuerst als Schutz gegen eine völlige Glasauflösung. Ohne diese Schutzschichten, die im frühen Stadium mit bloßem Auge nicht zu erkennen sind, wäre kein mittelalterliches Glas bis heute erhalten geblieben.

Im Vergleich dazu hat ein modernes Flachglas eine durchschnittliche chemische Zusammensetzung: 70 bis 74 Massenprozent SiO_2, zwölf bis 16 Massenprozent Na_2O und sechs bis zehn Massenprozent CaO. In Kontakt mit feuchter Luft bildet sich sofort auf der Oberfläche eine unsichtbare, sehr dünne, aber chemisch äußerst widerstandsfähige, hoch siliziumhaltige Schutzschicht.

Selbstverständlich sind in den Gläsern je nach den verwendeten Rohstoffen zahlreiche weitere Komponenten in geringen Konzentrationen vorhanden. Mit wenigen Ausnahmen tragen sie jedoch nur unwesentlich zur Korrosionsbeständigkeit bei. Die Gläser mit einem relativ hohen Bleizusatz sind jedoch ein Sonderfall. Bleioxid wird als ein Flussmittel mitunter anstelle der Alkalirohstoffe verwendet. So gibt es im Bestand der Glasfelder des Erfurter Doms und auch in anderen Kirchen einzelne Grüngläser, die aufgrund ihrer chemischen Zusammensetzung, insbesondere ihrer hohen Gehalte von Bleioxid und dementsprechend weit geringeren K_2O-Gehalte, eine deutlich höhere Widerstandsfähigkeit gegen einen korrosiven Angriff aufweisen.

Verwendung von Metallen für die Glasfärbung

Lange Zeit waren die Glaskomponenten und das Schmelzverfahren ein Geheimnis. Im Mittelalter wurde das Glas in Tontöpfen in einem kuppelförmigen Ofen geschmolzen und war in Abhängigkeit von Ort und Herstellungszeit in seiner chemischen Zusammensetzung sehr unterschiedlich. Glas erhält seine Farbe über die Zusammensetzung des Gemenges, über Schmelzprozesse und Färbungen. Der Prozess beginnt mit einer Schichtvorbereitung für die Glasschmelze. Die von den Glasmeistern seit dem Mittelalter verwendete Farbpalette beeindruckt mit ihrer Vielfalt. Es gibt sechs Hauptfarben: Blau, Gelb, Rot, Weiß, Grün und Purpur sowie viele weitere verschiedene Farbtöne von einer jeden dieser Hauptfarben. Die liebste Farbe aller Künstler war Purpur. Meistens wurden die Purpurtöne für die Farbübertragung auf den Bildmotiven verwendet. Selbst farbloses Glas hatte eine Färbung, beispielsweise einen leichten, praktisch nicht sichtbaren Gelb-, Blau- oder Grünton.

Grünes Glas wird auch als „Waldglas" bezeichnet. Den Fachleuten zufolge fand die mittelalterliche Glasherstellung meistens in den Wäldern statt, da für die Schmelzöfen eine große Menge an Holz als Brennmaterial benötigt wurde. Deutsche Glasmacher ließen sich in den Waldgebieten der Mittelgebirge nieder: im Spessart, Thüringer Wald, Schwarzwald, Bayerischen Wald, Fichtelgebirge, Böhmerwald, Erzgebirge und Riesengebirge. Dort fanden sie genügend Brennholz für die Schmelzöfen. Zur Senkung der Schmelztemperatur wurde beispielsweise Asche aus Farn hinzugefügt. Diese beigefügte Asche führte zu Verunreinigungen. Auch andere Verunreinigungen und Zusammensetzungen von Quarz gaben dem Glas einen leichten Farbton. Bereits ein geringer Eisengehalt in den Rohstoffen des Glasgemenges genügt, um Glas grün zu färben, was schließlich zu der Bezeichnung Waldglas führte.

In der Schatzkammer des Münsters St. Maria und Markus im Ortsteil Mittelzell auf der Insel Reichenau im Bodensee zog ein Geschenk, angeblich aus dem Orient an

Karl den Großen, die Aufmerksamkeit auf sich. Das grüne Glasstück, das als „Smaragd" bezeichnet wurde, stammt aus dem späten 8. Jahrhundert. Aber es handelt sich dabei nicht um einen riesigen Edelstein, sondern um ein aufgrund der fortschrittlichen Glastechnik im Orient mit Metalloxiden eingefärbtes grünes Glas, das im frühen Mittelalter so kostbar wie Gold und Silber war.

Um eine bestimmte Glasfarbe zu bekommen, wurde ein Gemisch aus pulverisiertem Farbstoff – Metalloxid oder Metallsalz – in eine geschmolzene Glasmasse gegeben. Ein Glasmeister im Mittelalter musste in der Lage sein, die Einflüsse verschiedener Metalle auf die Glasfarbe zu verstehen. Die breite Farbpalette der Gläser wurde unter Verwendung von circa zehn Metallen hergestellt. Dazu zählten Eisen, Mangan, Kupfer, Nickel, Cobalt, Gold, Silber, Blei, Antimon und später noch Chrom. Meistens – außer bei Silber und Gold – zeigten die Elemente ihre Farbeigenschaften nur bei einem Verbund mit Sauerstoff, das bedeutet in Form von Oxiden. Da viele Metalle eine wechselnde Wertigkeit – das heißt die Eigenschaft eines chemischen Elementes, eine ganz bestimmte Elektronenzahl anzunehmen oder abzugeben –

enthalten, können sie mit verschiedenen Sauerstoffmengen verbunden werden. Das bedeutet, dass vom Metall unterschiedliche Mengen der negativ geladenen Teilchen – Elektronen – abgezogen werden. In Abhängigkeit von der Anzahl der abgezogenen Elektronen besitzt jede Verbindung eine eigene Farbe. Mit anderen Worten beeinflussen die Oxidation-Reduktion-Prozesse die Glasfärbung.

Eisen färbt die Gläser gelb, grün und blau. Je nach Verhältnis von Eisen(II)-Oxid und Eisen(III)-Oxid färbt sich das Glas in verschiedene Grüntöne: von bläulich grün bis gelbgrün. Eisen(II)-Ionen absorbieren gut gelbes und rotes Licht mit einer Wellenlänge von ca. 600 Nanometer und färben das Glas blau. Eisen(III)-Ionen absorbieren die Lichtstrahlen mit einer Wellenlänge von 500 Nanometer (blau und violett) und färben das Glas gelb. Es ist wichtig zu bedenken, dass Eisen(II)-Ionen im sichtbaren Wellenlängenbereich ein um circa zehnmal höheres spezifisches Absorptionsvermögen haben als Eisen(III)-Ionen. Im Mittelalter war es schwierig, die Glasmasse von Eisenverunreinigungen zu befreien und ein durchsichtiges und farbloses Glas zu schmelzen.

Wenn sich Eisen(II)- und Eisen(III)-Ionen gleichzeitig im Glas befinden können, erhält es eine grünliche Farbe: Flaschenfarbe oder Waldglas.

Erst durch die Verwendung von „Glasmacherseife“, etwa Mangan(IV)-Oxid, sogenannter Braunstein, gelang es, die Glasmasse zu entfärben. Für die Entfärbung von Glas gibt es chemische sowie physikalische Methoden. Nach dem chemischen Verfahren wird versucht, das gesamte Eisen in eine Form von Fe(III) umzuwandeln. Dazu gibt man in die flüssige Glasmasse ein Oxidationsmittel wie Nitrate der Erdmetalle, Arsen(III)-Oxid oder Antimon(III)-Oxid. Das chemisch entfärbte Glas hat wegen der restlichen Eisen(III)-Ionen nur eine leicht gelblich grüne Farbe, besitzt aber eine gute Lichtdurchlässigkeit. Bei der physikalischen Entfärbung werden einige Farbstoffe wie Cobalt-, Nickel- und Manganoxide, die dem Glas eine zusätzliche Tönung verleihen, beigemischt. Das Ergebnis dieser doppelten Absorption ist ein farbloses Glas mit gesunkener Lichtdurchlässigkeit. Es gilt also, die entfärbten Gläser nach den verwendeten Verfahren zu unterscheiden.

Die Zugabe von Kupfer-, Cobalt-, Eisen- oder Manganmineralien sowie Kreide oder auch Knochenasche (Bein- oder Milchglas) war bereits vor Jahrtausenden bekannt (Abbildung 7) und ermöglichte es, Glas unterschiedlich zu färben bzw. die Glashärte zu beeinflussen. Eine Gold- bis Bernsteinfarbe hängt von der Bildung in der Glasmasse des Eisensulfides ab. Dafür wird Schwefel stöchiometrisch, entsprechend der Reaktionsgleichung, einem Glas mit einem Eisenoxidgehalt von zwei bis zehn Gramm pro Kilo der Glasmasse zugegeben.

Purpurviolett erhält man, wenn das Glas mit Mangandioxid und zwar 30 bis 50 Gramm pro Kilo der Glasmasse, gefärbt wird. Dafür wird der Glasmasse ein Mineral Pyrolusit, das grundsätzlich aus Mangandioxid besteht, zugegeben. Bei einem Sauerstoffmangel könnte das Mangandioxid bis hin zu Manganoxid reduziert werden.

In diesem Fall verschwindet die Glasfarbe. Deswegen ist es notwendig, die Glasschmelze unter Oxidationsbedingung durchzuführen.

Es ist auch möglich, in die Glasschmelze Kaliumpermanganat ($KMnO_4$) statt Pyrolusit zu geben. Das Mangandioxid gibt dem Natrium-Kalium-Glas eine rotviolette Tönung und dem Kalium-Zink-Glas eine blauvio-

Abbildung 7: Antike Pigmente (von links nach rechts, von oben nach unten): Hämatit, Calciumkarbonat, Gesso (Calciumsulfat), Auripigment, Goethit, Zinnoberrot, Azurit, Glaukonit, Malachit. Museum wissenschaftlicher Archäologie in Padua, Italien.

lette Farbe. Bleioxid verstärkt die Glasfarbe und ergibt grelle Töne.

Fakt ist, dass Kupfer(II)-Oxid dem Glas eine bläuliche, grüne oder türkisblaue Tönung verleiht, Kupfer(I)-Oxid eine blaue Farbe und metallisches Kupfer Dunkelrot hervorbringt. Um das natriumhaltige Glas in einen hellblauen Ton zu färben, braucht man 10 bis 20 Gramm Kupfer(II)-Oxid pro Kilo Glas. Im Vergleich mit dem Kobalt-Oxid ist das Kupfer(II)-Oxid ein viel schwächerer Farbstoff und für die Glasfärbung ist von diesem sehr viel mehr notwendig. Der Farbstoff, der in der geschmolzenen Glasmasse zersetzt wird, wird in Pulverform als reines Kupfer(II)-Oxid oder als Kupfersulfat $CuSO_4$ x $6H_2O$ (blaues Vitriol) zugegeben. Kupfer(II)-Oxid gibt dem Natrium-Calcium-Glas eine hellblaue, ein Kalium-Zink-Glas erhält durch die Zugabe von Bleioxid eine grüne Farbe.

Wenn Kupfer einwertig (Kupfer(I)-Oxid) ist, kann Glas in Gelborange, Braunrot oder Dunkelbraun gefärbt werden. Diese Gläser waren sehr schwierig herzustellen, weil dafür eine präzise Reproduzierung des Prozesses und eine nachfolgende Thermobehandlung notwendig waren. Chemische Analysen zeigten, dass zu diesen Gläsern das undurchsichtige, dunkelrot gefärbte Glas „Hämatinon“ gehört, das durch Zugabe von Kupferoxid hergestellt wurde. Dieses Glas wurde im Altertum vor allem von den Römern sehr geschätzt. Plinius der Ältere vermerkte, dass dieses Glas vielfach zur Herstellung der Fußbodenmosaiken, Wandbekleidungen und Prunkgefäße verwendet wurde. Dafür musste man reinen Quarzsand zusammen mit calciniertem Soda, Kupferoxid und dem Mineral Magnetit (Eisen(II,III)-Oxid) neben einer geringen Menge von Magnesium schmelzen und danach langsam abkühlen.

In einigen Fällen spielt eine Thermobehandlung nach dem Schmelzverfahren eine große Rolle. Zum Beispiel verteilt sich Kupfer im Glas, ohne eine Farbe zu erzeugen. Wenn das Glas noch einmal nahe der Schmelztemperatur erwärmt und bei dieser Temperatur gehalten wird, fallen die Nanopartikel des metallischen Kupfers im Glas aus. Das Glas bekommt eine rosarote Farbe. Mit Erhöhung der Thermobehandlungszeit werden die Kupferkristalline vergrößert, dadurch ändert sich die Glasfarbe in ein dichtes Dunkelrot. Dieses Glas heißt Kupferrubin. Ein solches Verfahren ist viel günstiger als die Herstellung von goldenem Glas, doch leider hat Kupferrubin nicht das Edle und die Farbtiefe von goldenem Glas. Kupferrubin enthält als kolloidale Partikel circa ein Gramm Kupfer pro Kilo Glas. Wenn Kupferrubin weiter erwärmt wird, wachsen die Kupferkristalline an, das Glas wird trübe und bekommt langsam eine graubraune Farbe. Zum Schluss verändert sich das Glas in eine undurchsichtige, braunrote Masse. In dieser sind große Kupferkristalline verteilt, die man gut mit dem bloßen Auge sehen kann.

Es ist nicht einfach, in einer Glasschmelze den einen oder anderen Farbstoff in die benötigte Oxidationsstufe übergehen zu lassen. Dafür muss eine ganze Reihe an Prozessbedingungen, beispielsweise das Durchführen der Glasschmelze in einer Oxidations- oder Reduktionsumgebung, eingehalten werden. Mit anderen Worten bedeutet dies, den Schmelzprozess mit einem Überschuss oder einem Mangel an Luftmenge, was manchmal nicht ganz einfach ist, beizubehalten. Häufig muss man der Glasmasse ein Reduktionsmittel zugeben, das bei der Glasschmelze den Sauerstoff vom Farbstoff abzieht, oder ein Oxidationsmittel, das eine rückgehende Wirkung auf den Farbstoff hat – denn dieser nimmt den Sauerstoff des Oxidationsmittels an. Als Oxidationsmittel werden normalerweise Kalium- oder Natriumsalpeter verwendet, als Reduktionsmittel dienen Kohle, Holzmehl, Mehl, Weinstein, Zinn(II)-Oxid oder Aluminium. Das Geheimnis liegt in der Art und der Menge der verwendeten Stoffe.

Die Glasfärbung hängt sehr stark von der Glaszusammensetzung und in einigen Fällen von den Kombinationen der Farbstoffe ab. So kann beispielsweise Antimon oder Blei jeweils allein kein Glas färben, aber die Zusammensetzung in Form von Blei-Antimon (Hartblei) wurde von den Glasmachern lange Zeit verwendet, um eine wunderschöne gelbe Glasfarbe zu erhalten. Schwefel färbt Glas blau und zusammen mit Cadmium, das selbst keine eigene Farbe ergibt, gelb. Manchmal reicht es aus, Kaliumkarbonat statt Natriumkarbonat zuzugeben,um die Glasfarbe zu ändern. Natrium oder Kalium jedoch sind keine Farbstoffe für Glas.

Man unterscheidet zwischen einer molekularen und einer kolloidalen Glasfärbung. Bei einer molekularen Glasfärbung wird das Glas durch die Anwesenheit gleich verteilter Farbstoffmoleküle gefärbt. Diese Stoffe lassen sich mit echten Farbstofflösungen in Wasser vergleichen. Die einzelnen Moleküle des aufgelösten Farbstoffes sind so klein, dass sie nur mithilfe moderner Geräte sichtbar sind. Die molekularen Farbstoffe sind in der Regel die Oxide oder die Salze von Metallen mit wechselnden Wertigkeiten, wie Mangan, Chrom, Eisen und Kupfer. Ganz genau handelt es sich um Metallionen, die sich in den Oxiden befinden und die für die Färbung verantwortlich sind, beispielsweise im Molekül des Kupfer(II)-Oxides ein Kupferion(II), das mit einem Sauerstoffion gebunden ist. Glas, in dem sich Kupfer(II)-Oxid befindet, absorbiert die Quanten des Rotlichtstrahls mit einer Wellenlänge von 800 Nanometer; dieses Glas sieht hellblau aus. Wenn ein solches Glas noch einmal getempert wird, ändert sich die Glasfarbe nicht mehr. Der Übergang von Valenzelektronen zwischen verschiedenen Energieniveaus bewirkt eine selektive Absorption von sichtbarem Licht. Es entstehen unter anderem Farben wie Cobaltblau, Nickelgrün oder Manganviolett.

Enthält Glas Natriumoxid und fügt man zum Beispiel eine kleine Menge an Cobalt(II)-Oxides hinzu, entsteht eine bläuliche Glasfärbung. Eine größere Menge an Cobalt(II)-Oxides verleiht Glas eine violettblaue Farbe mit Rotschattierungen. Befindet sich in Glas Kaliumoxid statt Natriumoxid, wird ein dunkelblaues Glas mit violetten Schattierungen erzeugt. So werden Kunstgegenstände aus Cobaltglas traditionell hergestellt. Dabei ist es egal, welche Cobaltverbindung einer Glasmasse zugegeben wird, da jede Cobaltverbindung in Cobaltoxid umgewandelt wird.

Nickel(III)-Oxid färbt Glas, das Kaliumoxid enthält, rotviolett. Enthält Glas Natriumoxid, wird es braunviolett. In die geschmolzene Glasmasse kann auch Nickelhydroxid statt Nickel(III)-Oxid gegeben werden.

Ein typisches Pigment für Glas ist Chrom. Grelle grüne Farbtöne bekommt das Glas mit Chrom(III)-Oxid, das man unter bestimmten thermischen Bedingungen aus dem Mineral Lópezit erhält. Es ist zu erwarten, dass ein Teil von Cr(III)-Oxid (Cr_2O_3) in einer Oxidationsatmosphäre zu Chrom(VI)-Oxid (Cr_2O_6) zurückoxidiert.

Chromverbindungen färben Glas von hellgrün bis gelbhellgrün. Man gibt bis zu 15 Gramm Cr_2O_3 pro Kilo der Glasmasse in die Schicht. Ein Überschuss bis 30 Gramm Cr_2O_3 pro Kilo kann in der geschmolzenen Glasmasse aufgelöst werden, aber bei der Abkühlung erscheinen im Glas große, kristallinisch glänzende Flitter von Chromoxid. Es kommt ein wunderschönes, dunkelgrünes, praktisch undurchsichtiges Chromaventurin heraus. Nach der Zugabe von weniger als einem Gramm Cr_2O_3 pro Kilo der Glasmasse erhält das Glas eine hellgrüne Farbe (Smaragdfarbe). Obwohl die hinzugefügten Pigmente der Übergangsmetalle wie Eisen, Nickel, Cobalt oder Chrom in Form von Ionen vorliegen, werden sie nicht einfach zersetzt. Diese Ionen bilden mit Siliziumdioxid im Glas sehr stabile farbige Koordinationskomplexe, die aufgrund der hohen Temperatur nicht zersetzbar sind.

Nach Zugabe von Antimon(III)-Sulfid in Form des Minerals Stibnit (Sb_2S_3) wird Glas rubinrot.

Eine gelbe Glasfarbe entsteht durch Zugabe von Schwefelpulver in die Schmelze. Es können auch Kohle, Holzspäne, Mehl oder Stärke zugegeben werden, weil nach der Verbrennung dieser Stoffe nur Asche, die die notwendige Schwefelmenge enthält, übrig bleibt.

Ein halb durchsichtiges Glas, das im durchscheinenden Licht orange und im reflektierenden blau aussieht, heißt Opalglas. Dieser Effekt wird durch die Beimischung eines trübenden Stoffes mit einer Partikelgröße bis zu fünf Mikrometer erzielt. Das Glas wird als Milchglas bezeichnet, wenn es lichtdurchlässig, aber undurchsichtig ist und eine weiße Farbe hat. In diesem Fall haben die beigemischten Partikel eine Größe von 5 bis 100 Mikrometer und kristallisieren sich direkt in der Glasschmelze oder tropfenweise später mit einer anderen Zusammensetzung als in der Hauptglasmasse. Als solche trübende Stoffe dienen das Mineral Kryolith, Knochenmehl, Gips, Doppelsuperphosphat, Dinatriumhydrogenphosphat, Ammoniumdihydrogenphosphat und andere Phosphorverbindungen, von denen 50 Gramm Phosphor(V)-Oxid pro Kilo Glas zugegeben werden.

Für die Herstellung von undurchsichtigem Glas werden oft Antimon, Arsen und Zinn beigemengt.

Abhängig von der Zusammensetzung eines Zinksulfid-Glases, besonders bei einer Thermobehandlung, weisen die flockenähnlichen Kristalline des Zinksulfides (ZnS) an verschiedenen Stellen des Glases Opal- oder

Milcheffekte auf. Dabei bleiben die schnell abgekühlten Stellen durchsichtig. Das Hinzufügen zusätzlicher Farbstoffe ermöglicht es, unterschiedliche Farben und Tönungen von Glas wie Orange, Rot, Schwarz, Türkis und Bläulich zu erzielen. Wegen der thermischen Neigung ist es leicht, auf einem Zinksulfid-Glas dekorative marmorierte, gestreifte oder gemusterte Effekte zu erhalten. Wunderschöne dekorative Effekte kann man mit schwarzen Gläsern erreichen, die durch die Zugabe von Blei-, Kupfersulfiden oder Pyrolusit hergestellt werden.

Erde und Mineralien als Basis für Glasfarben

Es gibt verschiedene Möglichkeiten, farbiges Glas herzustellen. Um Glas einzufärben, müssen zusätzlich Substanzen dem Gemisch beigemengt oder auf der Glasoberfläche aufgetragen werden. Durch das Auflösen von Metalloxiden im Glas werden bestimmte Wellenlängen des Lichts absorbiert, wodurch eine Farbwirkung entsteht. Schließlich kann Glas auch noch durch einfaches Aufkleben einer Folie eingefärbt werden. Bei der Folienverglasung werden bunte Plastikfolien auf Glas geklebt, um eine Bleiverglasung zu imitieren. Dieses Verfahren bietet den großen Vorteil, dass die Folie bei Missfallen wieder abgezogen werden kann. Es sieht allerdings billig aus und hält auch nicht lange.

Es besteht außerdem die Möglichkeit, Glas erst nach der Herstellung in traditioneller Glasmalerei mit speziellen Schmelzfarben zu färben. Diese Schmelzfarben werden durch verschiedene Verfahren auf das Glas aufgetragen und in einem Ofen eingebrannt. Je nach Wunsch mischt der Künstler ein Medium hinzu, um die Farbe malfähig zu machen – das heißt sie mehr oder weniger dünnflüssig werden zu lassen. Aus diesem Grund ist die aufgemalte Farbe ungleichmäßig dick. Die Haltbarkeit wird durch das Einbrennen gewährleistet, hat also mit dem Malmedium selbst nicht direkt etwas zu tun. Glasmalfarben werden bei Temperaturen eingebrannt, die die Glasstruktur unverändert lassen, jedoch ein festes Einbrennen der Farben ermöglichen. Das sind Temperaturen zwischen ca. 520 und 650 Grad Celsius. Die chemische Zusammensetzung des Glases, die Temperatur beim Einbrennen und die Charge der Schmelzfarben haben Einfluss auf die Wiedergabe der Farbtöne. Durch das Einbrennen wird die Farbbeschichtung beständig gegen Licht und Witterungsverhältnisse.

Um farbiges oder Buntglas herzustellen, ist es am einfachsten, der durchsichtigen Glasmasse verschiedene färbende Zusatzstoffe beizufügen, wie Metalle, Metalloxide und Metallsalze. Zu Beginn des 20. Jahrhunderts hat man durch eine Analyse der Farbschichten damit begonnen,

Mineralfarben zu erforschen. Heute ist der Wissensstand in Bezug auf die Zusammensetzung und den Aufbau der Farben und die verwendeten Techniken schon sehr weit fortgeschritten. Die Mineralfarben werden in verschiedene Gruppen eingeteilt.

Erdfarben

Die natürlichen anorganischen Pigmente – die sogenannten weißen und bunten Erdfarben – sind die wichtigste Gruppe der Mineralfarben. Zu den weißen Erdfarben zählen Calciumkarbonate wie Kreide, Kalkspat und Marmormehl und Siliziumdioxide wie Kieselgur oder Quarzmehl (Abbildung 8).

Zu den bunten Erdfarben gehören Ocker, Siena und Umbra. Als Hauptbestandteil enthalten sie Eisen(III)-Oxid und werden in gelbe, rote, braune, grüne, graue und schwarze Erden eingeteilt. Terra di Siena zählt zu den Gelbtönen (Eisenhydroxide); Terra di Pozzuoli, roter Ocker, gebranntes Siena und roter Bolus sind rote Erdfarben (Eisenoxide). Umbra – eine Mischung aus Eisenoxiden und Mangandioxid – ist braun; Veroneser, Böhmische, Bayerische, Russische und Deutsche Grüne Erde sind grüne Erdfarbtöne (Eisensilikate mit unterschiedlichen Anteilen von Magnesium, Aluminium, Kalium und Natrium). Grafit und Eisenglimmer zählen zu den grauen Erdfarbtönen und Mangandioxid und Schwarzschiefer sind die sogenannten schwarzen Erdfarben.

Ocker enthält, je nach Farbgebung, rot, orange, gelb oder braun, wasserhaltige oder wasserfreie Eisenoxide. Von allen Erdfarben besitzen diese die größte Deckkraft.

Sienaerden sind hauptsächlich Ockerfarben; sie besitzen eine geringe Deckkraft, weil die Eisenoxide durch Begleitelemente verunreinigt sind. Die chemische Zusammensetzung ist hochgelbes Eisen(III)-Oxidhydrat (Fe_2O_3 x nH_2O) mit erheblichen Anteilen an kolloidaler Kieselsäure.

Als Terra di Siena bezeichnet man eine spezielle Art gelben, manganhaltigen Ockers mit einem Eisengehalt von ca. 50 bis 70 Prozent Eisen(III)-Oxid, deren beste Sorten in der Nähe der Stadt Siena in der Toskana vorkommen.

Umbraerden enthalten abhängig vom Fundort mehr oder weniger Anteile von schwarzem Mangandioxid, das

Abbildung 8: Mineralien: Azurit (3) und Malachit (4). Erdfarben: roter Ocker aus Ercolano (7), gebrannte Siena, Ardennen (8), natürliche Siena, Ardennen (9) und hellgelber frz. Ocker (10). Blane de Meudon (11) und Grünerde (12). Landesbergbaumuseum in Sulzburg.

den Pigmenten einen braunschwarzen Farbton verleiht. Die Deckkraft kann, je nach Herkunft, sehr unterschiedlich sein. Die künstlerisch hochwertigsten Umbrasorten stammen aus Zypern, andere kommen aus Italien, England oder Deutschland. Die Beschaffenheit des Pigmentes kann ebenfalls sehr unterschiedlich ausfallen. Hellere und rötlichere Sorten sind im Allgemeinen fein, während die häufig aus Deutschland stammenden grünlichen Umbrafarbtöne aufgrund ihres Silikatgehaltes mitunter eine sandige und recht stoffliche Konsistenz aufweisen. Unter der Bezeichnung „Umbra" ist auch ein Pigment im Handel, bei dem es sich um eine Verkollerung (spezieller Mahlvorgang) von Ockertönen, gebrannter Siena und Schwarz handelt.

Die Erdpigmente werden im Tagebau oder unter Tage abgebaut und durch Schlämmen gereinigt. Zur Erzielung rötlicher Farbtöne wird die Erde gebrannt. Künstler verwendeten gerne Umbrapigmente, denn sie ließen sich ohne Probleme untereinander mischen und mit Bindemitteln (z.B. Öl) anreiben, ohne dass es zu einer chemischen Reaktion kommt. Außerdem besaßen sie eine sehr gute Lichtechtheit.

Weiterhin zählen zu den Erdfarben das Ultramarin, das heißt ein schwefelhaltiges Alumosilikat, das aus dem Halbedelstein Lapislazuli gewonnen wird, auch Kupfermineralien Azurit und Malachit.

Künstliche Mineralfarben

Bei künstlich hergestellten anorganischen Farben handelt es sich in erster Linie um Oxide oder Salze von Metallen wie Blei, Zink, Chrom, Eisen, Aluminium, Cadmium, Kupfer, Mangan und Cobalt. Zu ihnen gehören die weißen Farbtöne des Bleiweißes (ein Bleikarbonat) oder des Zinkweißes (ein Zinkoxid). Zu den bunten und schwarzen Pigmenten zählen Bleimennige (Blei(II,IV)-Oxid), Neapelgelb (Bleiantimonoxid), Chromgelb (Bleichromat), Chromorange, Chromgrün (Chromoxid), Permanentgrün (Chrom(III)-Oxid-Hydrat), Zinkgelb (Zinkchromat), Eisenrot (Eisen(III)-Oxid), Grünspan (Kupferacetat), sowie Cobalt(II)-Oxid, das als Pigment für die Smalte, ein blau gefärbtes Kalium-Silikatglas, diente.

Einige dieser Mineralfarben waren bereits im Altertum bekannt, aber der Großteil wurde erst infolge der industriellen Revolution in der Mitte des 19. Jahrhunderts entwickelt. Bei der Herstellung der künstlichen Mineralfarben unterscheidet man zwei Verfahren: erstens entweder das sogenannte „Fällungsverfahren“, wobei aus zwei löslichen Verbindungen die Mineralfarbe als unlöslicher Farbkörper ausfällt, oder zweitens Erhitzen wie Oxidieren, Schmelzen oder Rösten hergestellt.

Bei diesen Prozessen werden verschiedene Grundstoffe in die neuen chemischen Verbindungen gebracht. Zum Beispiel erhält man Eisenviolett durch das Glühen von Eisenvitriol (Eisen(II)-Sulfat) und Bleimennige (gelbrote Farbe) wird durch Erhitzen der Bleiglätte oder aus Bleiweiß hergestellt.

Die Eigenschaften dieser mineralischen Farben zeichnen sich gegenüber den Erdfarben durch ihre größere Vielfalt und intensivere Leuchtkraft aus. Ihre Verträglichkeit mit anderen Farbkörpern ist durchweg gut – ebenso wie die Bindemittelverträglichkeit mit Leimen, Emulsionen, öligen Bindemitteln und Lacken. Die meisten dieser Mineralfarben sind ungiftig – außer die blei- und chromhaltigen Farben.

Bei archäologischen Ausgrabungen in Theben und Tell el-Amarna (Ägypten) wurden Gefäße und Schmuck aus grünem und blauem Glas aus dem 2. Jahrtausend v. Chr. gefunden. Blaues Glas war sowohl im alten Ägypten wie auch in Babylon sehr verbreitet und äußerst beliebt. In der chemischen Zusammensetzung besaß dieses Glas Cobaltoxid, das in Form eines Cobaltminerals der geschmolzenen Glasmasse zugegeben wurde. Da Ägypten keine eigenen Cobaltmineralien hatte, mussten diese aus dem Gebiet des heutigen Iran bezogen werden, wo sie in der Nähe des Dorfes Qamsar in Form von Sulfiden-Mineralien, Arsen-Sulfiden-Mineralien oder Cobalt-Arsen-Mineralien wie Erythrin ($Co_3(AsO_4)_2 \times 8H_2O$) gewonnen wurden.

Färbung von metallischen kolloidalen Partikeln

Kolloidale Pigmente bilden im Glas Nanopartikel von Metallen und deren Verbindungen mit einer Größe von 20 bis circa 100 Nanometer. Dabei handelt es sich um die kolloidalen Partikel von Gold-, Silber-, Kupfer- und anderen Metallverbindungen, die nach der Wärmebehandlung von Glas aggregieren und wachsen. Die Glasfarbe hängt von der Glaszusammensetzung, der Natur und Konzentration sowie der Größe der Nanopartikel ab. Andererseits wird die Größe der Nanopartikel, das bedeutet somit auch die Farbe des Glases, von der Temperatur und Dauer der Wärmebehandlung bestimmt. Je höher die Temperatur im Ofen, desto schneller wachsen die Nanopartikel und desto gesättigter und damit intensiver erscheint die Farbe des Glases. Zudem gilt: Je länger die Wärmebehandlung dauert, desto höher ist die Farbsättigung des Glases. Gleichzeitig führt eine weitere Vergrößerung der Metallteilchen zu einer Verstärkung der Lichtstreuung und zum Verlust der Lichtdurchlässigkeit. Es ist bekannt, dass die Oxide der Metalle mit wechselnder Wertigkeit die Keimbildung sowie das Wachstum der Nanopartikel regulieren können. Einige stabilisieren den Farbton, verlangsamen das Wachstum der Nanopartikel, andere dagegen beschleunigen die Wachstumsprozesse. Zu Ersteren gehören vor allem die Zinnoxide. Das Vorhandensein der Zinnoxide im Glas verhindert, dass die Nanopartikel von Kupfer, Silber und Gold vergrößert werden, und bewirkt, dass bei der Glasherstellung die Glasfarbe konstant ist.

Bei einer weiteren Vergrößerung der Partikel - über 100 bis 200 Nanometer - wird das Glas undurchsichtig. Manchmal werden nach dem Abkühlen der Glasmasse die kolloidal gefärbten Gläser farblos. Sie bekommen ihre Farbe erst beim zweiten Erwärmen bei 500 bis 600 Grad Celsius.

Die kolloidal gefärbten Gläser kann man mit kolloidalen Lösungen vergleichen, in denen die kolloidalen Partikel mithilfe moderner analytischer Geräte identifiziert und gemessen werden können (Abbildung 9).

Als Kolloide werden Teilchen oder Tröpfchen bezeichnet, die in einem anderen, einem sogenannten Dispersionsmedium – Feststoff, Gas oder Flüssigkeit – fein verteilt sind. Eine kolloidale Färbung des Glases ist mit der Absorption von sichtbarem Licht durch den Lichtstreuungseffekt verknüpft. Mit anderen Worten werden bei der Absorption der Lichtquanten die Lichtelementarteilchen, die nicht mehr weiter teilbar sind, verschluckt. Es ist bekannt, dass Licht, das durch ein durchsichtiges Medium geht, das kolloidale Partikel enthält, eine Streuung der Kurzwellenstrahlung bewirkt. Diese Strahlung (blau und violett) wird im kolloidalen System absorbiert, das nur die Langwellenstrahlung (gelb, orange, rot) durchlässt.

Das Herstellungsverfahren von farbigem Glas mithilfe kolloidaler Farbstoffe war den Glasmachern und Glasmalern bereits seit Jahrhunderten bekannt, auch wenn sie damals noch nicht wussten, dass es sich dabei um ein Nanotechnologie-Verfahren handelt.

Goldverbindungen verleiht Glas eine Farbe, die von rosa bis dunkelrot (Goldrubin) reicht. Besonders schöne Farben hat Glas, das 25 bis 50 Massenprozent Bleioxid

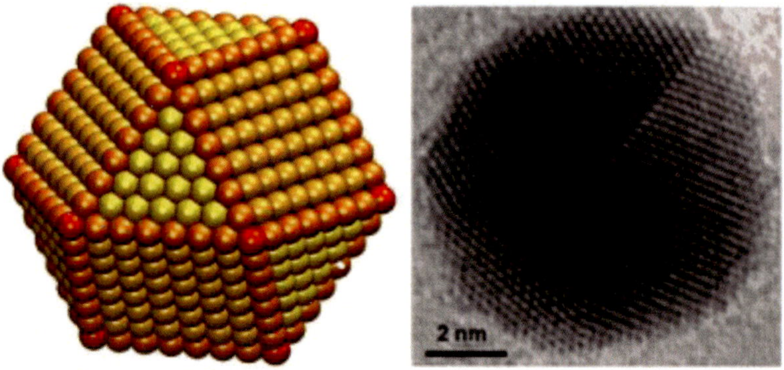

Abbildung 9: Bildung und Mikrofoto eines Goldteilches, durch ein Elektronenmikroskop gesehen, mit einer Größe von etwa 10 Nanometer.

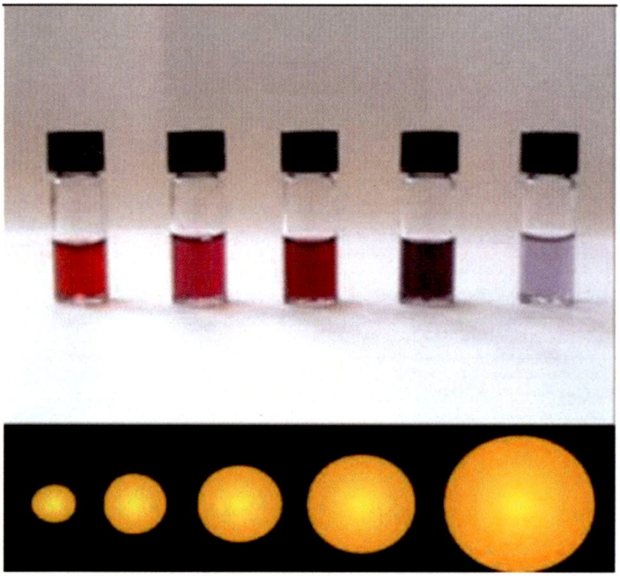

Abbildung 10: Einfluss der Größe von Goldnanopartikeln auf die Farbänderung. Wachstum der Nanopartikel bis zu einer bestimmten Größe lässt die Farbe dunkler werden.

enthält, das die Bildung der Goldkolloide unterstützt. Als Farbpigment wird das Gold(III)-chlorid in Anwesenheit von Zinn(II)-chlorid verwendet.

Die Zugabe von 0,1 bis 0,3 Gramm von kolloidalem Gold pro Kilo der Glasmasse färbt Glas rosa bis himbeerrot oder kirschfarben (Goldrubin). Vermutlich hat der deutsche Chemiker und Alchemist Johannes Kunckel in Potsdam im 17. Jahrhundert die Rezeptur von Goldrubinglas erfunden. Im 19. Jahrhundert untersuchte der englische Physiker Michael Faraday kolloidales Gold und dessen Farbänderung von Rot zu Violett und weiter zu Farblos (Abbildung 10), wodurch eine Änderung der Absorption von sichtbarem Licht bei Vergrößerung der Goldpartikel in Flüssigkeit bestätigt werden konnte.

Silberverbindungen - ein Gramm Silber pro Kilo Glasmasse - färben Glas goldgelb. Als Pigment benutzt man normalerweise eine Silbernitrat-Lösung (10 Massenprozent). Nach der Erwärmung bildet sich im Glas kolloidales Silber - die Nanopartikel des metallischen Silbers. Da die Löslichkeit von Silber in Glas zu niedrig ist, braucht man eine längere Wärmebehandlung bei höheren Temperaturen. Die Farbe von Glas wird durch die Zugabe von Zinndioxid verbessert.

Außer Goldrubinglas gibt es Rubingläser, die Nanoteilchen von anderen Metallen oder Halbleitern enthalten: Kupfer-, Selen- und Antimonrubinglas. Kupfer ist ein älteres Glaspigment und seine Löslichkeit in Glas ist viel höher als die von Gold oder Silber. Beim Kochen von Kupferrubin werden üblicherweise Natrium-Glas und Kupfer(I)-Oxid benutzt. Letzteres besitzt eine höhere Farbfähigkeit und bildet in Glas eine kolloidische Lösung der Kupfer-Nanopartikel, die nach der Wärmebehandlung im Temperaturbereich von 580 bis 700 Grad Celsius dem Glas eine dunkelrote Farbe verleihen. Kupfer(I)-Oxid wird in die Glasmasse als braunes Pulver in einer Menge von ein bis drei Massenprozent zugegeben. Als Reduktionsstoffe in der Glasmasse bei der Herstellung des Kupferrubinglases dienen Weinstein und Zinn(II)-Oxid.

Zinkhaltiges Glas hat eine stärker gesättigte Farbe. Wenn dem zinkhaltigen Glas eine Cadmium-Verbindung mit Schwefel, Selen oder Tellur (wie CdS, CdSe) zugegeben wird, bilden sich im Glas kolloidale Partikel, die durch eine Wärmebehandlung wachsen. Glas wird durch Lichtstreuung in Gelb, Orange und Rot, beispielsweise Cadmiumgelb oder Selenrot gefärbt. Die Rezeptur von Selenrubinglas wurde in den 1920er-Jahren in den USA und in der Sowjetunion entwickelt.

Die Selenverbindungen färben ein Glas rot und rosa. Normalerweise werden dafür das metallische Selen und Natriumselenit (Na_2SeO_3) benutzt. Die Farbsättigung hängt von der Menge von Selen ab, weil dies beim Glaskochen dazu neigt, zu verbrennen. Die Verluste von Selen erreichen 70 bis 80 Prozent der zugegebenen Menge. Deswegen ändert sich oftmals die Glasfarbe. Beim Kochen werden 0,3 bis 0,8 Massenprozent Selen, 1 bis 1,5 Massenprozent Kadmiumkarbonat ($CdCO_3$) und 0,5 bis 1,0 Massenprozent Schwefel in die Glasmasse zugegeben.

Antimonoxide wie Sb_2O_3 und Sb_2O_5 werden der Glasmasse zugegeben, um sogenanntes Antimonrubinglas zu erhalten. Gemäß seiner Farbsättigung nimmt Antimonrubinglas eine Position zwischen dem Selen- und Kupferrubinglas ein. Die besten Farbergebnisse von Antimonrubinglas erzielt man bei gleichzeitiger Zugabe von Schwefel und Kohlenstoff. Es werden auch schwefelhaltige Antimonverbindungen, zum Beispiel ein schwarzes Pulver (Sb_2S_3), verwendet.

Doch Kirchenglasfenster sind nicht nur Gebäudeschmuck und erzählen nicht nur biblische Geschichten, sondern können sogar die Luft reinigen. Die Ursache hierfür liegt in den Goldnanopartikeln, die als kolloidales Farbpigment bei der Herstellung der farbigen Gläser verwendet werden.

Licht, das eine Form der elektromagnetischen Strahlung ist, tritt in Kontakt mit dem Magnetfeld des Nanoteilchens, das von Elektronen der Atome der Goldpartikel erzeugt wird. Die eigene magnetische Schwingungsrate des Teilchens hängt von seiner Größe ab.

Wenn die Größe geeignet ist, findet eine Resonanz statt: Phänomen einer starken Zunahme der Amplitude von Schwingungen, die durch das Zusammentreffen seiner eigenen Schwingungsfrequenz und der Frequenz des äußeren Einflusses verursacht wird. Dadurch werden die Magnetfeldschwingungen so stark, dass einige Moleküle in der Luft, die sich in der Nähe von Goldnanopartikeln befinden, zerstört werden können – zum Beispiel sogenannte flüchtige organische Verbindungen. Als „Arbeitsergebnis“ von Buntglas entstehen nur harmlose Substanzen und eine kleine Menge an Kohlenstoffdioxid.

Um farbige Scheiben gegen Witterung zu schützen, entwickelte man ein Einschmelzverfahren. Im Vergleich zum Grundglas beruht dieses auf einem niedrigeren Schmelzpunkt der dunkelbraunen oder gar schwarzen Malfarbe des sogenannten Glasflusses, das als Schwarzlot bezeichnet wurde. Dies besteht im Wesentlichen aus fein gemahlenem Eisenoxid und Glaspulver, beides wird mit Borax als Flussmittel vermengt. Dann wird Schwarzlot mit Wasser und etwas Gummiarabikum vermischt, damit das Ganze auf dem Glas haftet. Beim Brennen läuft diese flüssig gewordene Masse in das erweichte Grundglas. Schwarzlot wurde vor allem für Schattierungen bei der Bemalung verwendet. Mit Schwarzlot wurden auch die Binnenzeichnungen ausgeführt oder ganze Glasscheiben überzogen, aus denen dann die Zeichnung herausgekratzt wurde. Bei der ab dem 8. Jahrhundert bekannten Technik werden farbige Glasstücke mit Scharzlot für ausdrucksstarke Konturen bemalt.

Eigenschaften von Schwarzlot sind nicht pauschal definiert, da es große Variationsbreiten gibt, deren Unterschiede in den sehr unterschiedlichen Techniken der Werkstätten zu suchen sind. Zunächst ist wiederum die chemische Zusammensetzung zu nennen, die aus einer zerriebenen Mischung von Blau- und Grünglas, dem pulverisierten Kupfer- oder Eisenoxid bestand; als Bindemittel dienten Zugaben von Naturharz und Pflanzengummi. Diese Komponenten wurden gemischt und zusätzlich mit Wasser, Wein, Urin oder Öl in Form eines Breis auf das Glas aufgetragen.

Zum Aufbringen von Schwarzlot benutzte man flache und spitze Pinsel, weiche und harte Bürsten sowie Punktierpinsel. Eine Nadel wird zum Auskratzen von Linien verwendet. Der Maler kann damit kräftige Konturen, halb deckende Lasuren und Schattierungen auf das Glas zaubern. Schwarzlot erscheint nur in der Durchsicht schwarz, die Substanz selbst sieht je nach ihrer Zusammensetzung bräunlich oder grauschwarz aus. Nach dem Trocknen wurde das bemalte Glas im Ofen auf einer Trägerscheibe eingebrannt, um die Farben mit der Glasoberfläche zu verschmelzen.

Ferner sind jedoch auch die beim Einbrennen in die Glasoberfläche gewählte Zeitdauer und Brenntemperatur von Bedeutung. Der grundlegende Effekt dieser Technik ist, dass Schwarzlot einen niedrigeren Schmelzpunkt als das Trägerglas hat. Dieses wird durch Brennen bei einer Temperatur von etwa 600 bis 650 Grad Celsius fest mit der Glasoberfläche verbunden. Hinzu kommt, dass sich große Unterschiede in den chemischen Eigenschaften und dem thermischen Dehnungsverhalten zwischen dem Glas und dem mit diesem durch den Brennprozess verbundenen Schwarzlot negativ auswirken können. Schließlich ist die Qualität von Schwarzlot auch vom Stadium der Korrosion des Glases abhängig. Selbst intaktes Schwarzlot kann bei weit fortgeschrittener Glaszersetzung unterwandert und somit gelockert werden. Die beschriebene Technik hat sich jahrhundertelang nicht wesentlich verändert und wurde bis heute beibehalten.

Im Jahr 1300 kam bei der Buntglasherstellung außer dem Auftragen von Kupferschmelzfarbe auch die sogenannte Silbergelb- oder Silberlot-Technik zum Einsatz. Bei diesem Vorgang bilden sich durch Ionenaustausch und nachfolgende Wärmebehandlung auf der Glasoberfläche dünne glasartige Farbschichten, die über die Jahrhunderte kaum ihre Leuchtkraft verlieren. Der Prozess des Auftragens des Farbstoffes selbst kann symbolisch in fünf Schritte unterteilt werden:

1. Diffusion der Kupfer- und Silberionen vom Farbstoff zur Glasoberfläche;

2. Ionenaustausch zwischen Kalium-, Natriumionen im Glas und Kupfer-, Silberionen im Farbstoff;

3. Reduktion von Kupfer- und Silberionen zu Metallen;

4. Keimbildung und Wachstum der Metall-Nanoteilchen.

5. Ätzvorgang der Glasoberfläche. Normalerweise beträgt die Ätztiefe circa 30 bis 40 Mikrometer.

Durch das Kupferätzen mit zusätzlicher Wärmebehandlung in der Reduktionsatmosphäre bildet sich auf der Oberfläche eine dünne rote Farbe (Abbildung 11).

Beim Silbergelb wird eine Silberverbindung – im allgemeinen Silbernitrat – auf die äußere Fläche des farblosen Glases aufgetragen. Für diesen Vorgang wird auch eine spezielle Paste, eine Mischung aus Leim, Ocker und Silbernitrat verwendet. Beim Brennen wachsen die Silbernanopartikel, die sich in der oberen Schicht des Glases befinden, bis zu einer transparenten Gelbfärbung, die von den Prozessbedingungen abhängig ist und je nach Glas, Menge des Farbstoffs und Dauer des Brennvorgangs von Zitronengelb bis Dunkelorange variiert.

Mit Silbergelb (Abbildung 12) war es dem Künstler möglich, auf einem einzigen Glasstück die Köpfe der Figuren mit Kronen, Mitren und Heiligenscheinen zu malen, in Wappen goldene Zeichen einzufügen sowie Baldachine, Gewänder und Ornamente in goldener Farbe zu verzieren. Auf farbigem Glas erzielt man mit Silbergelb interessante Wirkungen. Die kleinen Landschaften im Hintergrund wurden häufig auf Glas gemalt. Silbergelb verwendete man für Bäume und Gras. Heute werden sowohl Silbergelb wie auch Farbausschliffe in abstrakten Bildern reichlich und großzügig verwendet.

Silbergelb wird wie Schwarzlot mit Gummiarabikum und Wasser vermischt. Um die Pigmente zu mahlen, wird in diesem Fall jedoch ein Glasstößel verwendet, da die Chemikalien Metall angreifen. Aus diesem Grund benutzen die meisten Künstler hierfür besondere Pinsel. Im Allgemeinen wird Silbergelb auf die Außenseite des Glases aufgetragen, da ihm im Gegensatz zur Farbe das Wetter nichts anhaben kann.

Abbildung 11:
Hl. Peter. Fragment des Glasfensters in der Kirche Saint-Maclou in Rouen, Frankreich. Das Antlitz des Apostels ist in einem sehr schönen Grau gehalten, das Purpurrot ist für sein Gewand reserviert. Die purpurrote Farbe auf dem Glas kommt vom Kupfer(I)-Oxid mit nachfolgender Wärmebehandlung.

Abbildung 12:
Hl. Madeleine. Fragment des Glasfensters, 1465. Atelier Barbe, Frankreich. Hintergrund und Muster nehmen entsprechend dem Silbergelb-Verfahren einen ockergelben Farbton an.

Bedeutung eines Glasfensters und dessen Herstellungstechnik

So lautet die Definition zu den Bleiglasfenstern in Wikipedia. „Ein Bleiglasfenster ist ein Fenster, bei dem die einzelnen Flachglas-Stücke durch H-förmige Bleiruten verbunden sind und die Schnittpunkte der Ruten verlötet wurden. Es gibt Bleiglasfenster mit und ohne Glasmalereien und sie dienen meist der künstlerischen Darstellung. Trotz der Namensähnlichkeit wird in Bleiglasfenstern kein Bleiglas verwendet."

Farbige Glasfenster beruhen auf drei Komponenten: Als erste Komponente ist das Glas zu nennen, das als Träger der Farbe fungiert; zweitens wird für die Stabilität des Gerüstes und als Träger der Komposition ein Blei-, Kupfer- oder Kunststoffnetz benötigt; die dritte Komponente stellt die Bemalung dar, die zum einen Einfluss auf das durch das Glas tretende Licht hat und zum anderen auch dazu dient, Figuren und Geschichten darzustellen.

Trotz formaler und inhaltlicher Veränderungen, denen die Glasmalerei seit ihren Anfängen unterworfen war, blieben sowohl die technischen Voraussetzungen über die Jahrhunderte vom Prinzip her gleich als auch die Materialien und Verfahrensweisen: Das gefärbte mundgeblasene Glas wurde in der Werkstatt des Glasmalers zunächst entsprechend der gewünschten figürlichen oder ornamentalen Komposition zugeschnitten und hernach wurden die einzelnen Glasstücke durch ein Netz von Bleiruten, auch Bleistegen genannt, zu Rechteck- oder Maßwerkfeldern zusammengefügt.

Ein farbiges Glasfenster wird nach den folgenden Schritten hergestellt:

- Fenster sowie Fensterfalz und Fensternut genau abmessen;
- Vorbereitung eines Zeichenentwurfs;
- Erstellung eines Kartons – eines Künstlerentwurfs in Originalgröße des Fensters;
- Übertragung der Konturenzeichnung auf festen Schablonenkarton;
- Auswahl der Glasfarben;
- Zuschneiden der Gläser (Abbildung 13 a);

- Glasbemalung, Färbung mit Schwarzlot, Silbergelb und Ätzen (Abbildung 13 b);
- Brennen der bemalten Glasstücke bei rund 600 Grad Celsius im Brennofen, um die Malschichten fest auf dem Trägerglas aufzuschmelzen;
- Verbleiung der einzelnen Glasstücke mit Bleiruten;
- Verlötung der Knotenpunkte der Bleiverbindungen;
- Einsetzen des gesamten Glasfensters im Fensterfalz.

Die grundlegenden Arbeitsgänge der Glasfenstertechnik der alten Handwerker – das Schneiden des Gla-

a b

Abbildung 15: Der Glasbläser (a) und der Glasmaler (b). Aus Sammelbilder-Alben der Firma Tengelmann, 1934.

ses, das Umfassen der Kanten mit Blei und das Verlöten – gleichen nahezu denen der heutigen Glasmeister. Um die einzelnen Arbeitsschritte der Herstellung von Glasfenstern besser nachverfolgen zu können, ist der Besuch einer Glaswerkstatt ratsam. Ein Werkstattmeister gibt gerne Auskunft über den Herstellungsprozess. Von ihm ist auch zu erfahren, dass der Beginn eines jeden Glasfensters die Anfertigung von kleinen handgezeichneten Skizzen im Maßstab von circa 1:10 darstellt.

Idee zu Farbe und Motiv wird zunächst einmal auf Pergament oder Papier aufgebracht. Diese Zeichnungen dienen später als Grundlage für das fertige Bleiglasfenster. Weiter geht es mit dem Anfertigen eines Entwurfes in Originalgröße des Glasfensters, dessen Farben und Motive auf den Kunden – seien diese geistlich oder weltlich – abgestimmt werden. Nach den Angaben des Bleirisses werden für jedes Glasstück des Fensters die Schablonen mit einer dreiklingigen Schere oder einem zweiklingigen Messer zurechtgeschnitten und nummeriert. Sie sparen einen etwa 1,5 Millimeter breiten Mittelstreifen aus, der später das Einfügen der Bleistege zwischen den Glasstücken erlaubt, ohne die festgelegten

Abmessungen der Felder zu verändern. Diese Schablonen dienen dazu, aus den Glasblättern die genauen Formen der Glasstücke zuzuschneiden.

Der nächste Schritt ist eine Glasauswahl, weil die geschnittenen Glasstücke später miteinander harmoniert werden müssen. Die verschiedenen Gläser haben nicht nur unterschiedliche Strukturen, sondern auch Glasstärkenunterschiede. Diese werden vom Glasmeister ausgeglichen und optisch behoben. Danach werden die Glasstücke aus verschiedenen farbigen und klaren Gläsern herausgeschnitten. Auch wenn es den Anschein hat, dass alle kreativen Arbeiten vom Glaskünstler selbst erledigt werden und dem Glasmeister nur noch bleibt, die Vorlagenstücke der gewünschten Farbe zuzuschneiden, sie auf das Schema zu legen und zu verbinden, verhält es sich tatsächlich nicht so einfach. Denn vom Meister hängt es in vielerlei Hinsicht ab, wie schön das fertige Glasfenster sein wird. Es ist mühsam, die Formen der Glasstücke auszuwählen und sie miteinander zu kombinieren. Der Meister muss zudem in der Lage sein, die Glasstücke ganz genau zuzuschneiden.

Doch selbst wenn es mehr oder weniger mechanisch

zugeht, erfordert die Arbeit mit den Farben vom Glasmeister künstlerisches Flair und viel Aufmerksamkeit. Er muss mit dem Material verschiedener Farben und Texturen arbeiten. Oft können sogar Gläser der gleichen Art sehr unterschiedlich sein. Eine hohe Temperatur sorgt dafür, dass die Bestandteile der Glasmasse ungleichmäßig reagieren und sich verändern. Skurrile Linien und Schattierungen vermischen sich und verändern sich auf der Oberfläche des Glases: Rot wandelt sich in rosa um und grüne Streifen werden zu Wellen und lockenartigen Gebilden. Es kommt auch vor, dass transparente Glasbereiche durch Licht undurchlässig werden. Der Glasmeister muss alle diese Nuancen erspüren und aus einer Glasscheibe ein solches Stück herausschneiden, das perfekt ins Glasfenster passt. Darin liegt die jahrhundertealte Handwerkskunst der Bleiverglasung.

Im Gegensatz zur älteren Technik ab dem 8. Jahrhundert werden bei der jüngeren Technik farblose Gläser mit aufschmelzbaren Metallfarben, genannt Schmelzfarben, bemalt. Seit dem späten 15. Jahrhundert wurden immer mehr bunte Schmelzfarben entwickelt, mit denen man auf stets größer werdende klare Glasscheiben malte. Die

Schmelzfarben, die sich ab dem Spätmittelalter entwickelten, werden nach der Bemalung des Glases, wie Schwarzlot oder Silbergelb, im Brennofen gebrannt.

Beim Brennvorgang wird das bemalte Glas so erhitzt, dass Farbe und Glas gleichmäßig und fest miteinander verbunden sind. Richtig gebrannt, wird ein Glasbild Hunderte von Jahren erhalten bleiben.

Beim richtigen Brennen muss das Glas langsam auf etwa 620 Grad Celsius erhitzt und je nach Art und Dicke des Glases bis zu 15 Minuten bei dieser Temperatur gehalten werden. Dann wird es langsam abgekühlt. Die Qualität des Brennens des Glases kann durch das Guckloch in der Ofentür überwacht werden. Während des Brennvorganges erscheint das Glas in einem stumpfen Rot und weist einen leichten Oberflächenglanz auf, gegen den sich die Farbe weniger leuchtend abhebt. Von vordringlicher Wichtigkeit ist es, den genauen Moment herauszufinden, wenn Glas und Farbe sich durch Schmelzen miteinander verbinden. Wird die Ofentemperatur zu hoch oder das Auflageblech zu lang erhitzt, beginnt das Glas sich zu verbiegen und dann zu schmelzen – eine Katastrophe.

Früher standen die Brennöfen aus Ton auf einem Eisengestell. Sie wurden mit Holz beheizt, vorzugsweise Buchenholz, das mit klarer, heißer Flamme verbrennt. Moderne Brennöfen werden mit Gas oder mit Strom beheizt. Es gibt zwei Brennmethoden. Bei der einen, die jener des Mittelalters gleicht, wird das Brenngut in den kalten Ofen eingesetzt und die Hitze bis auf Brenntemperatur gesteigert, danach lässt man Ofen und Glas langsam abkühlen. Wirtschaftlicher jedoch ist ein konstant heißer Ofen. Das Glas wird in einer Kammer des Ofens vorgewärmt, dann in einer anderen gebrannt und in einer Kühlkammer abgekühlt. Bei dieser Methode können gleichzeitig mehrere Gläser gebrannt werden.

Besonders wichtig ist es, dass keine kalte Luft an das heiße Glas dringt. Jeder plötzliche Temperaturwechsel lässt das Glas reißen oder sogar zerspringen.

Zum Brennen werden die Glasstücke nebeneinander auf eine Eisenplatte gelegt, die mit einer Schicht aus pulverisiertem Gips bedeckt ist, damit das Glas auf einer glatten Oberfläche liegt. Feuchtigkeit oder Luft unter dem Glas ist schädlich.

Am besten ist es, verschiedene Glassorten getrennt zu

brennen. Harte Glassorten, wie Grün- oder Blautöne und Weißmischungen, kommen auf eine Platte; weiche Sorten, wie Weiß- und Gelbtöne, auf eine andere Platte, damit die Temperatur entsprechend angepasst werden kann. Ebenso erfordern dunkle Linien starke Hitze, während Lasuren und Schattierungen kürzer und weniger heiß gebrannt werden sollten. Glasfarbe verliert durch das Brennen etwas an Substanz, deshalb müssen die meisten Gläser noch einmal übermalt und erneut gebrannt werden, bis die vom Künstler gewünschte Wirkung erreicht wird. Je häufiger das Glas jedoch gebrannt wird, desto spröder wird es. Viele bemalte Details, wie Köpfe, Hände und Beschriftungen, müssen oft mehrmals gebrannt werden.

Außerdem kann die Hitze im Brennofen bei manchen Glassorten die Farbe verändern. Rubinrot zum Beispiel kann sich verdunkeln bis hin zu nahezu schwarz, ein weiterer Brennvorgang stellt jedoch meist den ursprünglichen Farbton wieder her. Wiederholtes oder starkes Brennen kann Silbergelb intensivieren. Da dieser Farbstoff meist an der Außenseite des Glases aufgetragen wird, kann Silbergeld gleichzeitig mit der letzten Farb-

Abbildung 14:
Glaserei in Gibraltar.

Abbildung 15: Plumber für die Bleiverglasung. Teller der Firma Royal Goedewaagen. Blue Delft. Holland.

schicht gebrannt werden. Besser ist es jedoch, Silbergelb allein zu brennen; es hat die kürzeste Brenndauer.

Um die Glasstücke miteinander zu verbinden, eignet sich am besten formbares Blei. Mit Blei kann man jede Art von Kurven biegen. Ähnlich wie bei einem Puzzle oder einer Intarsienarbeit werden die zurechtgeschnittenen Glasteile Stück für Stück mit den echten Bleiruten zu einem Ganzen zusammengesetzt und fixiert.

Da das Bleiglasfenster aus vielen Glaseinzelteilen besteht, bekommt eine Bleiverglasung durch das spezielle Flechtprinzip Stabilität und Halt. Hier sind viel Fingerspitzengefühl und Konzentration gefragt. Die einzelnen Glasstücke sind sehr filigran und könnten beim Verbleien zu Bruch gehen. Ganz am Ende wirdnoch einmal kontrolliert, ob jedes Glasstück richtig sitzt.

Als tragendes Element und Rückgrat der Verglasung ist das Blei aber zu wenig belastbar. Die Stabilität erhöht sich durch Eisen- oder Stahleinlagen an den Bleikernen. Mehrere Stunden, manchmal mehrere Tage sind nötig, um die einzelnen Glasstücke mit Bleiruten zu einem großen Fenster zu verbinden und passgenau aneinanderzusetzen. Schließlich wird das Glasfenster ausgerichtet und jedes einzelne Bleistück versiegelt, sodass eine saubere und ebene Fläche entsteht (Abbildung 15).

Die Knotenpunkte der Bleiverbindungen müssen von beiden Seitenverlötet werden. Dies ist keine einfache Aufgabe und geht vor allem nicht schnell, weil manche Bleiglasfenster bis zu 400 Lötpunkte haben. Die zu einem großen Mosaik zusammengefügten und verlöteten Glasteile werden abschließend mit Leinölkitt oder einer Füllmasse aus pulverisierter Schlämmkreide, Gips, Lampenruß und etwas Mennige verfestigt. Das fertige Glasfenster ist auf diese Weise stabiler und wasserdicht.

Als Letztes wird das Glasfenster in eine Fensteröffnung eingesetzt und die Anker des Glasfensters werden um die Sprossen gewunden.

Im Gegenlicht kommt die volle Schönheit des vollständig gefertigten Glasfensters zum ersten Mal zur Geltung. Durch die unterschiedlichen und farbigen Gläser und deren Strukturen erscheint ein Kirchenfenster immer wieder anders, ständig gibt es etwas Neues darauf zu entdecken.

Es gibt auch sogenannte Butzenfenster, für die die Butzenglasscheiben auf verschiedene Weise hergestellt werden. Die klassischen echten Glasbutzen sind zarte, mundgeblasene Gebilde. Ursprünglich dienten die klaren oder meist leicht grünlich getönten Glasbutzen dazu, komplette Fensterverglasungen herzustellen. Später fanden die Butzenscheiben oft Verwendung als meist farbige Zierelemente in Mosaikverglasungen der Jahrhundertwende (Abbildungen 16 und 17). Echte mundgeblasene Butzenscheiben funkeln im Licht und man erkennt sie an folgenden Merkmalen: zarte, leichte Gebilde, mit umgeschlagenem Rand und dem Abriss des Eisenstabs in der Mitte. Es gibt viele dezente Farbtöne und jede Butze changiert im Farbton von der dunkleren Mitte zum helleren Randbereich.

Die mundgeblasenen Butzenscheiben werden wie folgt hergestellt: Eine kleine Glasmasse wird mit der Glasbläserpfeife aufgenommen und zur Kugel aufgeblasen. Dann wird gegenüber der Glasbläserpfeife ein vorgewärmter Eisenstab angesetzt, die Pfeife wird abgetrennt und das so entstandene Loch unter schnellem Hin- und Herdrehen des Eisenstabs auch mit einem Stock erweitert. Das Glas dehnt sich bis zu seiner end-

Abbildung 16: Drei Allegorien der Tugenden: Hoffnung, Liebe und Stärke. David Joris, Basel, um 1545. Historisches Museum, Basel, Schweiz.

Abbildung 17: Glasfenster mit runden Butzenscheiben. 17. Jh. Kirche Sainte Catherine in Honfleur, Frankreich.

gültigen Form – einer Butzenscheibe; und es enthält eine Verdichtung, die sogenannte Butze. Dabei handelt es sich um einen Knopf oder ein Ochsenauge in der Mitte, wo die Glasscheibe vom Hefteisen abgesprengt wird. Danach muss die Butzenscheibe noch vorsichtig abgekühlt werden, damit sie nicht zerspringt; zudem muss sie schneidbar sein. Es gibt auch gepresste Butzen, die entsprechend in einer Form gepresst werden.

Die wichtigsten Änderungen im Laufe der Jahrhunderte betreffen Arbeiten, die nur mittelbar etwas mit der Herstellung eines Glasfensters zu tun haben: So wurde beispielsweise zu Beginn des Mittelalters das Glas höchstwahrscheinlich dort hergestellt, wo die Glasmaler arbeiteten.

Heute jedoch kaufen die meisten Künstler das Glas von darauf spezialisierten Glashütten. Seit der Neuzeit wird Glas nicht mehr wie im Mittelalter mit einem heißen Eisen (Brecheisen) abgesprengt, sondern mit einem Diamanten oder Stahlradglasschneider in Form geschnitten. Zangen mit flacher Spitze haben das alte Kröseleisen, das für schwierige Schneidearbeiten verwendet wurde, ersetzt. Die früher in Formen gegossenen Bleiruten werden heute im Bleizug gezogen und der Vorgang des Brennens kann dank moderner Strom- oder Gasöfen genau kontrolliert werden.

Die Herstellung eines Glasfensters ist komplex und umständlich. Es ist, wie Experten sagen, mit vielen Lichtfaktoren verbunden: mit mehreren Veränderungen des Gesamtlichtniveaus, der Position und der Intensität einzelner Lichtquellen usw. Aber keine andere Kunsttechnik vermittelt einen so lebendigen, hellen und unmittelbaren Eindruck wie die Kirchenfenster.

GLASKUNST

Glaskunst und die ersten Glasfenster

Fragmente von bei Ausgrabungen gefundenen Buntgläsern zeigen, dass es bereits im alten Ägypten im 2. Jahrhundert v. Chr. und im alten Rom im 1. Jahrhundert n. Chr. einfache Glasfenster gab. In der Epoche des frühen Christentums wurden einigen Quellen zufolge Buntglasstückchen von unterschiedlicher Größe in einem Holzrahmen mithilfe von Spachtel beziehungsweise Putz befestigt; die Formen der Glasfenster waren sehr begrenzt. Sichere Beweise, wann und wo zum ersten Mal gegossene 20 bis 30 mm breite Bleistege für die Befestigung der einzelnen Teile von Glasfenstern verwendet wurden, fehlen allerdings. Dies war eine großartige Erfindung, weil die Bleiduktilität verschiedene Formen von Glasscheiben erlaubt.

Dem altgriechischen Geschichtsschreiber Diodor (1. Hälfte des 1. Jahrhunderts v. Chr.) zufolge lagen die bedeutendsten Bleiminen Spaniens in der Provinz Murcia. Dort wurden zahlreiche römische Bleibarren gefunden. Zur Zeit des Imperium Romanum befanden sich römische Bleibergwerke östlich von Bordeaux, am Mittellauf der Donau und bei York in England. Archäologen fanden in Jarrow im Nordosten Englands Bleistege und farblose Glasstückchen verschiedenster Formen, die in die Zeit zwischen dem 7. und 8. Jahrhundert datiert wurden. Da Blei leicht bearbeitet werden kann, wurde es dort eingesetzt, wo es wichtig war, beispielsweise bei der Herstellung von Bleirohren oder Bleistegen.

Der römische Dichter Prudenz (348–405 n. Chr.) verglich nach seinem Besuch des Hofes des weströmischen Kaisers Flavius Honorius (384–423 n. Chr.) die Buntgläser der Fenster des Palastes mit äußerst eindrucksvollen Blumen.

Der Dichter und Bischof von Poitiers, Venantius Fortunatus (um 540–610 n. Chr.) verhalf in seinen Versen den Personen zu Berühmtheit, die eine Basilika mit Buntgläsern schmückten, und beschrieb eindrucksvoll den Effekt der ersten Sonnenstrahlen am Morgen in den Fenstern der Kirche St-Jean in Poitiers. Vom 5. bis 6. Jahrhundert schmückten Glasfenster die Kirchen in den Städten Galliens, danach kamen solche Glasfenster auch in Deutschland und England auf.

In Europa sind die ältesten noch erhaltenen Bleiglasfenster in der Kirche San Vitale in Ravenna zu finden; sie stammen aus dem 6. Jahrhundert n. Chr. (Abbildung 18). Fest verglaste Fensterverschlüsse bestehen aus einzelnen farbigen und farblosen Glasplättchen, die mithilfe von Bleistegen miteinander befestigt sind. Leider ist heute von diesen verglasten Fensterverschlüssen kein Exemplar mehr aus der Zeit zwischen dem frühen Christentum und dem 11. Jahrhundert vollständig erhalten.

Abbildung 18: Kirche San Vitale in Ravenna, Italien.

Auch wenn die Aufzeichnungen über Fenster aus farbigem Glas bis ins 9. Jahrhundert zurückreichen, so lebte diese Kunst doch erst mit dem Aufkommen der gotischen Kathedralen im 12. Jahrhundert richtig auf. Der Stil der Glasfenster hat sich in den darauffolgenden Jahrhunderten stetig weiterentwickelt und immer wieder verändert, die Technik jedoch ist bis heute nahezu unverändert geblieben: Es handelt sich um Mehrschicht- und Buntgläser sowie Glasmalerei mit Farben auf Mineralienbasis. Im Laufe der Zeit sind jedoch viele dieser Fenster verloren gegangen.

Die Glaskunst besitzt einen ganz besonderen Platz im Arsenal der Kunstform. Durch die Glasmalerei, die sich von anderen Maltechniken wegen der besonders leuchtenden Farben und starken Kontraste abhebt, erhalten Kirchenfenster eine besonders zauberhafte Wirkung. Doch das ist kein Wunder, denn das durchscheinende Glas, auf dem die Malereien zu sehen sind, wird vom Sonnenlicht derart zum Strahlen gebracht, dass die Kirchenfenster teilweise wie Edelsteine erscheinen.

Die Glasmalerei dient zur Herstellung farbiger Glasfenster mit und ohne figürliche Darstellung. Dabei sind grob zwei Vorgehensweisen zu unterscheiden: zum einen das mosaikartige Zusammenfügen von konturgeschnittenen, gefärbten Glasstücken und zum anderen die Bemalung klarer Glasscheiben mit verschiedenen, aufschmelzbaren Metallfarben. Die einzelnen Glasstücke werden in beiden Fällen durch sogenannte Bleistege miteinander verbunden. Das eine Mal wird also die Buntheit des Fensters primär durch das Glas bestimmt, das andere Mal durch die Bemalung.

Eine weitere Möglichkeit der Farbvariation ist durch das Überfangglas gegeben. Dabei wird eine Glasschicht mit einer zweiten andersfarbigen überfangen; durch das Herausätzen und Schleifen können nun sehr kleinteilige Farbmusterwirkungen erzielt werden und durch die Kombination zweier bunter Gläser entsteht zudem eine dritte Farbe.

Wenn ein Lichtstrahl durch Buntglas fällt, verfärbt sich dieses durch die Glaseigenschaften in saftige Töne und die Farbenpracht erzeugt eine mystische bis feierliche Stimmung. Im Gegensatz zu den Fresken, die die Kirchenwände in der gesamten christlichen Welt und weit darüber hinaus schmückten, oder den Mosaiken, mit denen byzantinische Meister sehr erfolgreich waren, sind Glasfenster eine typisch europäische Kunst. Sie sind in erster Linie mit der Gotik verbunden – mit den riesigen Lanzenfenstern, die am Ende des 12. Jahrhunderts dank technischer Innovationen entstanden sind. Diese Innovationen ermöglichten es, das Gewicht der Gewölbe effektiv umzuverteilen. Im Laufe der Zeit wurden die Glasfenster sogar noch größer und breiter. Tatsächlich geht die Geschichte des Buntglases jedoch bis ins frühe Mittelalter zurück.

Frühes Mittelalter und romanische Buntglasfenster

Das frühe Mittelalter in Europa, das zumeist in die Zeit zwischen ca. 550 und ca. 1050 datiert wird, ist die Epoche der Romanik. Bis heute gibt diese Epoche noch Rätsel auf. Vor allem in Deutschland, Frankreich und Italien ist die Zeit des Mittelalters mit dem romanischen Stil in der Kirchenarchitektur verbunden, der durch massive geschlossene Baukörper mit rechteckigen, etwa ein Meter hohen Rundbogenfenstern charakterisiert ist.

Zum ersten Mal ist im späten 9. Jahrhundert beziehungsweise Anfang des 10. Jahrhunderts von „in Fenstern gemalten Bildern" die Rede. Es gibt verschiedene Dokumente über Kirchenglasfenster, darunter eine schriftliche Überlieferung, die gemalte Fenster für das Kloster Tegernsee unter Abt Gozbert (reg. 982–1001) bezeugt. Dies nährte im 19. Jahrhundert den Mythos, die Glasmalerei sei an diesem Ort erfunden worden. Aus dem 10. Jahrhundert stammen allerdings eindeutige Berichte, dass Glasfenster schon früher hergestellt wurden. So war beispielsweise die Kirche Saint-Julien in der französischen Gemeinde Fleury-sur-Loire mit Glasfenstern ausgestattet.

Ursprünglich war die polychrome dekorative Verglasung ausschließlich für Kirchengebäude vorgesehen, sodass die Entwicklung der Buntglaskunst im Mittelalter untrennbar mit der stilistischen Entwicklung der Sakralarchitektur verbunden war. Und es ist davon auszugehen, dass um 1100, als der romanische Stil in der Architektur vorherrschte, Glasfiguren in den Fenstern bereits ziemlich alltäglich waren. Aus dieser Zeit ist allerdings zu wenig erhalten, um näher darauf eingehen zu können.

Zunächst schmückten Buntglasfenster vor allem die Klosterkirchen; später wurden auch für Kathedralen sehr große Buntglasfenster angefertigt. Die Kathedralen – Hauptkirchen der Diözese und Residenz des Bischofs – waren oftmals die größten Gebäude der Stadt und verkörperten nicht nur die Macht der Kirche, sondern auch den Reichtum der Einwohner, die in der Lage waren, diese erbauen zu lassen.

Im deutschen und italienischen Sprachraum findet sich statt Kathedrale oft die Bezeichnung Dom oder Münster. Während das Wort Dom aus dem Lateinischen – von „domus" für Haus – kommt, stammt die Bezeichnung Kathedrale ursprünglich aus dem Altgriechischen: Dort heißt es kathedra und findet sich wieder im lateinischen „cathedra" für Thron, Sitz. Das Wort Münster wiederum leitet sich vom lateinischen „monasterium" ab und steht für Kloster oder Klosterkirche.

Im Laufe der Zeit erhielten auch einfache Pfarrkirchen farbige Gläser „mit Geschichten" und im späten Mittelalter tauchten kleine Medaillons mit biblischen und weltlichen Motiven auf farbigen Gläsern an den Fenstern von Rathäusern und sogar Villen wohlhabender Bürger auf.

Das 11. Jahrhundert ist als der Beginn der Bleiverglasung zu sehen. Im romanischen Stil dieser Zeit hatte das Kirchenfenster in seiner klassischen Form bereits Buntgläser, die mit Bleistegen zusammengefasst waren. In diesem Zusammenhang sind das Herstellungsverfahren des dünnen Flachglases und die Arbeitsteilung zwischen einem Glasmacher und Glasmeister zu erwähnen: Während der Glasmacher mit der Herstellung der verschiedensten Arten von Farbglas beschäftigt war, leitete und führte der Glasmeister die gesamten Prozessabläufe bezüglich der Herstellung und des Baus des Glasfensters durch.

Die Figuren aus dieser Zeit wirken flächig und schlicht, doch das liegt nicht etwa an mangelnder Meisterschaft der Künstler oder Handwerker, sondern hatte einen anderen Grund: Weil die Fenster der romanischen Kirchen ziemlich klein waren, musste darauf geachtet werden, dass sie so viel Tageslicht wie möglich ins Innere ließen. Das zwang die Glasmaler dazu, kräftige, strahlende Farben auf hellen, durchscheinenden Hintergründen zu verwenden und eine reduzierte Formensprache einzusetzen.

Zu den glanzvollsten Leistungen der deutschen Hochromanik zählen die Glasgemälde des Augsburger Doms. In den fünf Fenstern des Mittelschiffes im südlichen Obergaden finden sich Prophetendarstellungen von großer Würde, strenger Frontalität und entrückter Haltung. Die wohl frühesten Glasgemälde des europäischen Mittelalters, als Zyklus fragmentarisch erhalten und somit der älteste Glasgemäldezyklus der Welt, entsprechen am ehesten der Buchmalerei des Klosters Hirsau und lassen sich vielleicht der Domweihe von 1065 zuordnen.

Die fünf alttestamentlichen Gestalten Jona, Daniel, Hosea, David und Mose bilden wohl den Rest einer ursprünglich größeren Prophetenreihe, der eine Apostelfolge entsprochen haben könnte. Mit den „Augsburger Propheten“, die auf den Beginn des 12. Jahrhunderts datiert werden können, sind die ältesten noch in situ befindlichen monumentalen figürlichen Glasfenster erhalten. Das Moses-Fenster ist allerdings eine rekonstruierte Nachschöpfung aus der Zeit um 1550, in der noch Originalbestandteile enthalten sind. Der Text auf den Spruchbändern der Propheten bezieht sich auf die Kirche als „Haus Gottes“: „... wann werde ich je wieder deinen heiligen Tempel erblicken?“ (Jona 2,5) / „... Herr, lass auch um deiner selbst willen dein Angesicht über deinem Heiligtum leuchten, das verwüstet daliegt“ (Dan 9,17) / „Ich aber werde euch alle bestrafen“ (Hos 5,2) / „Wohl denen, die wohnen in deinem Haus, die dich allezeit loben“ (David, Ps 84) / „... Israel, höre die Gesetze und Rechtsnormen, die ich euch zu halten lehre“ (Moses, Dtn 4,1).

Abbildung 19: Krönung Mariens oder der Kirche. Aus dem Straßburger Münster, 2. Viertel des 12. Jh. Museum Notre Dame, Straßburg.

Abbildung 20: Kaiser Majestät. 1190-1200, komplett hergestellt im 14. Jh. Museum Notre Dame, Straßburg.

Wie bereits erwähnt, geht die Entstehung der etwa ein Meter hohen Rundbogenfenster auf die Romanik zurück. Für die Festigkeit und eine bequeme Montage wurden die großen Fenster auf einige Paneele mit Flächen, die nicht größer als einige Quadratdezimeter waren, aufgeteilt. Sie wurden am äußeren Gitter befestigt und von der inneren Fensterseite zu horizontalen Stützen verlötet.

Vom 10. bis 12. Jahrhundert erschienen in romanischen Kirchen in Frankreich und Deutschland Bleiglasfenster mit Motiven aus roten und blauen Glasstücken (Abbildungen 19 und 20). Das durchdringende Tageslicht reflektierte im Glasfenster und erzeugte im Innenraum der Kirche eine feierliche und geheimnisvolle Atmosphäre. Dieser Eindruck war besonders in den gotischen Kirchen mit ihren hohen Räumen und riesigen Fenstern spürbar. In der Zeit der Gotik wurde in Bezug auf die Herstellung des Bleiglasfensters die gleiche Technik beibehalten wie in der Romanik. Lediglich die Glaspalette wurde ergänzt und die Motive waren etwas komplizierter gehalten.

Das genaue Herstellungsverfahren in einer Glaswerkstatt beschrieb der Benediktinermönch Theophilus Presbyter in seinem kunsttechnischen Traktat „Schedula diversarum artium“, das aus der ersten Hälfte des 12. Jahrhunderts stammt. Seiner Beschreibung zufolge wurde der Entwurf eines Glasfensters auf eine geweißte Holztafel - spätere Entwürfe entstanden auch auf Pergament oder Papier - gezeichnet, in welche die Linien des Bleinetzes eingeritzt wurden.

Entsprechend der Vorgabe des Entwurfs wurden die Gläser zurechtgebrochen: Der Handwerker riss die Konturlinie mit einem glühenden Eisen an und sprengte die überstehenden Grate mit dem Kröseleisen ab. Die auf Kontur mosaikartig geschnittenen und gut aneinandergepassten Buntglasstücke wurden am Rand mit schmalen H-förmigen Bleistegen eingewickelt. Danach wurden diese zusammengesetzten Buntglasstücke auf einem Tisch ausgelegt und dicht zu einem Gesamtbild zusammengesetzt. Als Letztes wurden die Bleistege von beiden Seiten des Glases verlötet. Die dünnen Bleistege konnten beliebig gebogen werden und erlaubten eine freie Gestaltung der Bleiglasfenster.

Daraus geht hervor, dass sich bis heute die einzelnen Arbeitsgänge kaum verändert haben. Die wesentlichsten

Unterschiede bestehen in einigen technischen Neuerungen, so etwa im Glasschneiden mit einem Diamanten oder dem Wolfram-Stahlrädchen anstelle des alten Brecheisens, ferner in der Benutzung der Flachzange anstatt des Kröseleisens und im Löten mit einem elektrischen Kolben.

Die Glasstücke hatten eine ungleichmäßige Dicke und raue Oberfläche. Glasdefekte wie Luftbläschen oder Quarzsandteilchen verstärkten den Effekt von Buntgläsern, weil sie Lichtstrahlen in nicht vorhersehbarer Weise brachen und streuten. Im frühen Mittelalter wurden die Kirchenfenster aus reinen Farbgläsern zusammengesetzt: Meistens wurden die Farben Blau, Gelb, Rot, Grün und Weiß verwendet, ergänzt durch farblos, wie in der Kathedrale Notre-Dame de Paris.

Um eine fein abgestufte Farbpalette zu erhalten, wurde auf einfarbiges Glas ein Glasplättchen in einer anderen Farbe gelegt. Für ganz bestimmte Farbtöne legten die Glasmacher im Mittelalter bis zu 48 Schichten Glas in unterschiedlichen Farben übereinander. Im Bleiglasfenster der Kathedrale Notre-Dame von Chartres gibt es

Fragmente von Kirchenfenstern, die aus 27 roten und farblosen Glasschichten bestehen.

Alle Motive der Kirchenfenster wurden aus Buntglas hergestellt. Danach wurden die kleinen fehlenden Fragmente von Gesicht, Händen und Ornamenten zusätzlich auf die Glasstückchen aufgemalt. Später wurde neben Buntgläsern auch mit Farben bemaltes Glas verwendet: Die ältesten bemalten und gebrannten Fragmente der Glasmalerei, die im Kloster Lorsch am Rhein gefunden wurden, schätzt man auf das 9. oder 10. Jahrhundert.

Im 12. Jahrhundert kamen die romanischen Bleiglasfenster gleichzeitig mit der Änderung der Stilepoche in Bezug auf die Kirchen-Architektur auf. Gegenstände aus dieser Periode finden sich in der Kathedrale Saint-Julien du Mans in Frankreich. Ungefähr um das Jahr 1120 entstanden die lebendigen Figuren von Maria und dem Apostel von der Himmelfahrt Christi. Diese Figuren bilden einen starken Kontrast zur statischen Komposition der Propheten aus dem Augsburger Dom.

An die künstlerische Behandlung von Glas schließt sich eine Reihe von handwerklichen Arbeiten an. Die einzelnen Glasstücke bekommen durch die Verbleiung einen sicheren Halt. Um einen Bildzusammenhang zu erhalten, werden die kleinen und großen Glasstücke, die fortlaufend aneinandergefügt werden, durch Bleistege mit zwei einander gegenüberliegenden Nuten zusammengefasst.

Eines der ältesten erhaltenen Kirchenfenster der Romanik aus der zweiten Hälfte des 11. Jahrhunderts ist ein wunderschönes und geheimnisvolles Glasfenster mit dem Kopf von Christ de Wissembourg aus der Kirche St. Peter und Paul der Benediktinerabtei in Weißenburg im Elsass (Abbildung 21). Dieses Glasfenster wird im Museum Notre Dame zu Straßburg aufbewahrt. Die Konturen des Kopfes wurden mit dunkelbrauner Farbe auf weißem durchsichtigem Glas gemalt. Dieses Fragment wird auf Anfang des 12. Jahrhunderts datiert, doch bis heute gibt es keine gesicherte Information darüber, wo dieses Fenster ursprünglich aufgestellt oder eingebaut war.

Kirchenfenster haben in der Romanik zunächst relativ wenig Tageslicht in die Kirchen gelassen. Das änderte sich mit der Gotik. Im 12. Jahrhundert wandelte sich der romanische in den gotischen Baustil. Die Konstruktionen der Kirchen änderten sich: Die Last der Dächer wurde

Abbildung 21: Christ de Wissembourg. 2. Hälfte des 11. / Anfang des 12. Jhs. Museum Notre Dame, Straßburg.

Abbildung 22: Das Gastmahl in Bethanien. Maria Magdalena trocknet Christus die Füße. Um 1250, aus Haguenau Madelonettenkloster. Museum Notre Dame, Straßburg.

auf Kolonne und Strebewerk übertragen. Dies erlaubte es, die Wände von der Last zu befreien und große Fenster mit Buntgläsern einzubauen. Dadurch konnte mehr Licht in die Kirchen gelangen. Mosaiken und Fresken der byzantinischen und frühromanischen Kirchen räumten sehr schnell ihren Platz für Glasfenster. Das Tageslicht wurde zum ersten Mal ein Hauptelement des Interieurs in der europäischen Kirchen-Architektur. Die häufig farbig gestalteten Fenster erzeugten dabei eine besondere spirituelle Wirkung: Licht erhielt dadurch auf einmal eine sehr starke Präsenz. Die aufwendig gearbeiteten bunten Bleiglasfenster der Kathedralen (Abbildung 22) bildeten den Höhepunkt gotischer Architektur und beeindrucken noch bis heute. In dieser Periode erlebten die Glashütten und die Glaswerkstätten ihre große Blütezeit.

Abt Suger als Vorreiter der gotischen Architektur

Eine Kirche war früheren Zeiten nicht nur ein heiliger Raum, sondern diente bei Krieg oder Gewitter auch als Zufluchtsstätte. Die dicken Kirchenmauern gaben den Menschen Schutz und Sicherheit. Die Architektur erinnerte an Burgen, die Fenster waren zunächst eher klein. Das änderte sich mit dem Bau der gotischen Kathedralen. Charakteristisch für die gotische Baukunst waren die Skelettbauweise und die gewaltige Höhe. Eine neue Technik ermöglichte es, die Kirchen in die Höhe wachsen zu lassen und gleichzeitig große Fenster einzusetzen. Die Innenräume erreichten Höhen von 27 oder gar 46 Metern. Durch die hoch angebrachten Fenster wurde der Kirchenraum in ein göttliches Licht getaucht.

Die gotische Architektur entstand in Europa etwa zwischen 1140 und 1500. Besonderes Kennzeichen dieses Architekturstils sind die großen verglasten Lanzenfenster mit Spitzbögen. Die Blütezeit der Kunst des Glasfensters begann in der Epoche der gotischen Kathedralen im 12. Jahrhundert. In der Mitte des 12. Jahrhunderts wurde in England mit dem Bau des York Minsters – The Cathedral Church of St. Peter – begonnen.

Eine Dominante der Kathedralen waren die Bleiglasfenster. Aus der Epoche der Gotik stammen die prachtvollsten Kirchenfenster mit ihren vielen Verzierungen. In Chartres, Paris, Bourget, Amiens, Reims, Canterbury, Augsburg, Prag und vielen anderen Städten in Frankreich, England oder im Heiligen Römischen Reich verfügten die Kathedralen über Dutzende von Buntglasfenstern, wobei jedes Einzelne von ihnen zahlreiche verschiedene Motive enthielt. Viele Glasfenster wurden zwar beschädigt, sind aber dennoch relativ gut erhalten.

Ein Vorreiter in der gotischen Architektur war Abt Suger (Abbildung 23). Unter seiner Leitung wurde im Jahr 1144 die Apsis der königlichen Klosterkirche Saint-Denis gebaut. Ihm gelang es, in Saint-Denis eine Art göttliche Beleuchtung mithilfe natürlichen Lichts zu erzielen. Der so entstandene Stil wurde deshalb überwiegend im sakralen Bereich verwendet. Abt Sugers spezielle Anforderung an das Material der Fenster waren Lichtdurchlässigkeit und Farbigkeit. Ihm zufolge war seine Abtei als Gottes Haus ein Teil des Universums, das „weder im Schlamm der Erde noch völlig in der Reinheit des Himmels existiert". Weiter führte er aus, dass das Licht, das durch die farbigen Gläser strahle, der Seele dabei helfe, sich zur wahren Lichtquelle zu erheben – zu Christus. Die gesamten freien Flächen der Galerie Saint-Denis wurden für Glasfenster genutzt, die Licht und Farbe wunderbar vermischten und miteinander in Einklang brachten. Die Kirchenfenster wurden mit einer Reihe von Rondellen und Medaillons aus Buntgläsern gefüllt.

Die Erfindung von Suger, ein Fenstermedaillon mit Bildgeschichten zu schmücken, hatte starken Einfluss auf die Glasfensterkunst der zweiten Hälfte des 12. Jahrhunderts. Die Beschreibung der heiligen Themen auf Buntgläsern war als ein Äquivalent der Handschriften zu sehen mit den Lebensbeschreibungen von christlichen Heiligen. Während einer kurzen Periode waren die Kirchenfenster sogar sehr hoch und sehr schmal gehalten. Aus diesem Grund konnten darauf nur einzelne Figuren oder kleine Szenen aus zwei Figuren dargestellt werden.

In jedem Fenstermedaillon sind wichtige historische Episoden eingelassen: zum Beispiel die Lebensbeschreibungen einiger Heiligen sowie von Maria und Jesus Christus; es finden sich dort auch deren Stammbäume und – möglicherweise – der erste Kreuzzug sowie die Geschichte von Karl dem Großen (Abbildung 24). Der sogenannte Stil „Saint-Denis" wurde als eine Alternative zum romanischen Stil bis zum Ende des 12. Jahrhunderts unter den Glasmachern in Frankreich und England weiterentwickelt und war weitverbreitet.

Die sakralen Bauwerke wurden im Hoch- und Spätmittelalter mit großen Maßwerkfenstern und im Frontteil mit einer großen runden Fensterrose, die in Sektoren eingeteilt wurde, geschmückt. Eine solche Fensterrose ist ein prägnantes Symbol der Gotik. In den Kirchen, wie in den nach 1130 errichteten Kathedralen in Chartres und Poitiers, wurden ungewöhnlich große Fenster verbaut. Ein typisches Ensemble, das normalerweise in westlichen oder östlichen Kapellen eingebaut wurde, besteht aus drei Fenstern, die die Dreieinigkeit symbolisieren.

In Poitiers steht das Bleiglasfenster in der Apsis mit seinem außergewöhnlichen Ausmaß (8,35 m x 3,10 m), das aus der zweiten Hälfte des 12. Jahrhunderts stammt, im Fokus der Aufmerksamkeit. Das Meisterwerk der Glasmalerei, nach dem zentralen Motiv als Kreuzigungsfenster bezeichnet, ist in drei Hauptregister untergliedert, die von unten nach oben die Martyrien der beiden Heiligen Petrus und Paulus, darüber Jesus am Kreuz und ganz oben die Himmelfahrt Christi zeigen. Große Glasfenster waren in den sakralen Bauten Frankreichs, Deutschlands und Englands mit Abbildungen von Christus und Personen aus der Bibel zu finden.

Zu den ersten Bauwerken der reinen Gotik gehören die Kathedralen von Notre-Dame de Paris und von Canterbury. Während des zweiten Umbaus in Canterbury von 1178-1206 und 1213-1220 bekamen der Chor der Trinitätskapelle, die Apsis und die östliche Krypta mit den sterblichen Überresten von Thomas Becket (ca. 1118–1170) neue Glasfenster mit historischen Motiven.

Die Kathedrale Notre-Dame von Chartres ist in ihrer Architektur zur Mittelgotik zu zählen. Der größte Schatz dieser Kathedrale sind ihre Fenster, die beinahe komplett mit Glasmalereien versehen sind und aus der Zeit zwischen 1200 und 1240 stammen. Es finden sich dort 186

Abbildung 23:
Abt Suger. Um 1300.
Kathedrale von
Saint-Denis.
Wikimedia Commons.

Abbildung 24:
Karl der Große, Anfang
des 15. Jhs. Glasfenster
aus der Schatzkammer
des Petersdoms, Osnabrück.

Glasfenster mit einer Fläche von über 2.000 Quadratmeter – zum Vergleich: Peter Paul Rubens größtes Ölgemälde „Das Große Jüngste Gericht“ hat eine Höhe von 6,085 m und eine Breite von 4,635 m, was bedeutet, dass die Bildfläche ca. 28 Quadratmeter beträgt. Unter diesen 186 gotischen Fenstern befinden sich 152 echte mittelalterliche Fenster. Die restlichen Fenster stammen aus einer Restaurierungsphase aus der Zeit um 1753. Der vorherrschende Farbton der Glasfenster in Chartres ist Blau.

Die drei großen Rosetten in der Westfassade und in den Fassaden der Querhausarme zeigen das Jüngste Gericht (Westen), die Glorifizierung der Jungfrau Maria (Norden) und die Glorifizierung von Jesus Christus (Süden). Diese Arbeiten sind technisch und symbolisch sehr kompliziert. Die Hauptfiguren waren immer die Madonna oder Christus im Himmel mit den konzentrischen Symbolreihen. Das älteste ist das Glasfenster unter der großen Westrosette, das um 1150 angefertigt wurde und den Brand von 1194 überstand. Eines der Kirchenfenster, das die Madonna zeigt, bekam den Namen blaues Jung-frauen-Fenster.

Verschiedene Varianten der Kirchenfenster in Chartres dienten als Vorlage für die später in Form des lateinischen Kreuzes errichteten Dome oder Kathedralen. Während der Regierungszeit von Ludwig IX. von Frankreich (1220-1270) erhielten die Kirchenfenster im Rahmen des französischen „Königshofstiles“ eine feine Farbharmonie. Die verdünnten äußeren Strebewerke des Chors der Kathedrale Notre Dame d'Amiens von circa 1230 erlaubten eine maximale Vergrößerung der Glasfenster. Die feinen, durchbrochenen Geflechte aus Stein, die die obersten Fensterreihe ausstatteten, hatten ein verschnörkeltes Ornament. Die dichte rote und blaue Farbe der Glasfenster von Chartres wechselte in der Kathedrale Notre Dame d'Amien in eine leichtere Farbe mit weniger Kontrasttönen.

Die Buntglasfenster der französischen Gotik bildeten den Anfang des Stiles, den man – genau wie die neue Kirchenarchitektur – von den nationalen Wurzeln leicht trennen konnte. Der gotische Stil verbreitete sich sehr schnell über die Grenzen von Frankreich nach Deutschland, in die zentraleuropäischen Länder und nach Nordspanien.

Entwicklung der Buntglasfenster im 13. und 14. Jahrhundert

Ein Kirchenfenster konnte im 13. Jahrhundert aus Hunderten von einzelnen kleinen Glasstückchen, oft mit Defekten wie dunkleren Stellen, Bläschen und unebenen Rändern, bestehen. Solche Defekte machten die mittelalterlichen Bleiglasfenster zu etwas ganz Besonderem aufgrund ihrer charakteristischen Durchlässigkeit des Sonnenlichts und des Lichtspieles. In der zweiten Hälfte des 13. Jahrhunderts änderte sich in Europa der „Königshofstil" des gotischen Kirchenfensters. Die großen Kompositionen wurden auf zwei oder mehrere Fenster verteilt und es wurden öfter Grisaillen verwendet.

Als Grisaillen – aus dem französischen Wort „gris" für „grau" – werden in der Glasmalerei Fenster bezeichnet, die ganz beziehungsweise zum größten Teil aus farblosem Glas bestehen, oder Ornamentscheiben, die partiell mit Schwarzlot bemalt sind, um vor allem Konturen und Schattenwirkungen zu erzielen. Die Mönche des Mittelalters entwickelten diesen ganz eigenen Stil und brannten Schwarzlot als eine Farbe in die drei bis vier Zentimeter dicke Glasscheibe.

Eine Grisaille wird ganz in Grautönen oder einer anderen neutralen gräulichen Farbe ausgeführt. Es wird besonders in großen dekorativen Schemata zur Nachahmung von Skulpturen verwendet. Mit der Grisailles-Technik schufen die Mönche Fensterbilder in Grau, Weiß und Schwarz. Viele Grisailles haben eine etwas breitere Farbpalette. Später wurden in Frankreich in Braun ausgeführte Gemälde als Brunaille und in Grün als Verdaille bezeichnet. Mit der Grisailles-Malerei erhalten die Häupter in Bildern feine Nuancen und sehen dadurch lebendiger aus.

Bis ins 14. Jahrhundert dominierten bei den Glasfenstern zwei Farben: erstens der Lokalton – der auch als Lokalfarbe bezeichnet wird und in der Malerei den eigenen Farbton eines Gegenstandes in seiner ursprünglichen und ungebrochenen Reinheit anzeigt; zweitens das

Schwarzlot. Außerdem gesellte sich im 14. Jahrhundert als Auftragsfarbe immer mehr das Silbergelb hinzu.

Zum ersten Mal gab es eine Möglichkeit, gesättigte Töne direkt auf Glasflächen aufzubringen. Als Pulver, gemischt mit Lehm oder Ocker, trugen die Glasmaler Schwefelsilber auf die Glasscheibe auf, brannten sie und freuten sich, dass die Glut das Gemisch in intensive Gelbtöne verwandelte. Je nach Dicke des Glases und nach der Verweildauer im Feuer leuchteten sie mal feurig gelborange, mal sonnengelb oder ganz zart zitronengelb. Auf diese Weise konnten ganz bequem Dinge in Gold gezeigt werden, zum Beispiel eine Königskrone oder der Heiligenschein. Das neue Gelb bescherte nicht nur himmlisches Licht, sondern war für die Ewigkeit gemacht. Auf einer blauen Glasscheibe erzeugte Silbergelb die Farbe Grün.

Sobald die Farbe im Glas eingebrannt wurde, konnten Wind und Wetter ihr nichts mehr anhaben. Daher wurde Silbergelb gerne auf der Außenseite der Glasscheibe aufgetragen. Zusammen mit Schwarzlot konnten so erstmals sechs Farben auf einer Glasscheibe vereint werden: Blau, Gelb, Rot, Weiß, Grün und Purpur. Die inneren vertikalen Zwischenwände und die Strebebögen aus Stein betonen die Höhe der obersten Fensterreihe. Diese Neuheit beeinflusste sehr stark die Art und Weise des Figurenaufstellens. Neben den traditionellen Elementen der Erschaffung von historischen Fenstermedaillons verwendeten Glasmacher die freie Fensterfläche auch öfter für räumliche Kompositionen. Die Aufhebung der Begrenzung in Bezug auf die Fenstergröße führte zur freien Wahl des Motivs (Abbildung 25). Besonders beliebt waren die dramatischen „Baldachinfiguren".

Um großflächigen Fensterbildern mehr Stabilität zu geben, wurde im 13. und 14. Jahrhundert eine spezielle Armierungstechnik entwickelt: Man lötete zwei Bleiruten an den Schenkeln der H-Profile aneinander und führte in den entstandenen Hohlraum starke Eisendrähte ein. Eine weitere Möglichkeit, dem Durchbiegen von Fensterflächen vorzubeugen, bestand in der Lötverbindung des Bleinetzes mit Eisenstäben („Windeisen"), die in der Fensterlaibung verankert waren. Die Windeisen lassen eine optische Gliederung des Fensterbildes in Einzelfelder waagrechter Reihen und senkrechter Bahnen entstehen, wobei die Bildinhalte anfangs die Begrenzungslinien

Abbildung 25: Apostel Petrus und Paulus als Märtyrer aus dem Kloster Arnstein-Lahn, um 1260-1270. Rheinland. LWL-Museum für Kunst und Kultur, Münster/Westfalen.

Abbildung 26: Karl Martell, Karl der Große, Pippin der Kurze, Ludwig der Fromme. 1255-1260. Straßburger Münster.

nicht überschritten. In die Motivpalette waren außer den traditionellen Begebenheiten aus dem Leben von Propheten und Heiligen auch Könige und Königinnen aus der europäischen Geschichte integriert. Sehr oft wurden in einem Kirchenfenster mehrere vertikal aufgestellte Figuren untergebracht.

In der unteren Reihe der Nordseite in der Kathedrale in Straßburg befindet sich ein Glasfenster, das nach Karl dem Großen benannt wurde. Das Glasfenster zeigt von links nach rechts vier Kaiser des Heiligen Römischen Reiches: Karl Martell, danach Karl der Große (mit der Inschrift im Nimbus „Karolus magnus rex“), Pippin der Kurze (er war der Sohn Karl Martells und der Vater von Karl dem Großen) und Ludwig der Fromme (Abbildung 26). Rechts findet sich eine vergrößerte Darstellung von Ludwig dem Frommen und ein Fragment der Kleidung. Die Chronologie bei der Darstellung von Herrschern wurde nicht immer beachtet. Alle Könige sind mit ihrem jeweiligen Nimbus dargestellt, obwohl nicht alle Könige heiliggesprochen waren. Die Meister hielten die byzantinische Tradition fest: Derzufolge wurde jeder Herrscher mit einem Gottesboten verglichen.

In der oberen Rosette dieses Glasfensters ist dargestellt, wie Christus dem ungläubigen Thomas erschienen ist. In den kleinen unteren Rosetten werden Engel gezeigt.

Im Gegensatz zu Nordeuropa wurden die Kirchenfenster in Italien von Malern oder Bildhauern statt von Glasmachern hergestellt. Ein gutes Beispiel der italienischen Schule befindet sich in der Basilika di San Francesco in Assisi. Die italienischen Bildhauer und Maler Lorenzo Ghiberti, Bernardo di Francesco, Donatello, Paolo Uccello und Andrea del Castagno entwickelten wunderschöne Muster für die Herstellung der Panoramafenster in der Kuppeltrommel der Kathedrale Santa Maria del Fiore in Florenz. Die Farbpalette der Kirchenfenster waren das Ergebnis einer engen Zusammenarbeit zwischen Glasmachern und Künstlern.

Die Erfahrung des Einsatzes von farbigen mundgeblasenen Glasscheiben mit Bleieinfassung kam von Deutschland und Frankreich aus nach Italien, wo die Kunst des Fensterbaus bis dahin nicht verbreitet war. Um Geld zu sparen, wurden anfangs die Maler selbst beauftragt, die Butzenscheiben – runde Glasscheiben, meistens aus grünem Waldglas, mit einem Durchmesser von 7 bis 15 cm – nach ihren eigenen Vorlagen herzustellen. Doch schon bald nach dem Einbau der Fenster zersprangen sie, da die Erfahrungen der Glasbläser nicht in die Fertigung eingingen. Einige Scheiben verloren die durch die Grisaille-Technik hergestellten Schattierungen, da hier weitestgehend die Erfahrung fehlte. Viele dieser Schattierungen sind von den Scheiben „abgefallen“ und die Gesichter verblieben somit ohne Konturen.

Später drückten große italienische Meister wie Duccio di Buoninsegna, Simone Martini oder di Antonio da Pisa in ihren Bleiglasfenstern eine Empfindung durch Volumen und Perspektive aus. Ein gutes Beispiel hierfür ist das Rundfenster „Mariäs Aufnahme in den Himmel“ des Doms von Siena, das im Jahre 1289 von Duccio di Buoninsegna entworfen wurde.

Im 14. Jahrhundert stellte di Antonio da Pisa seinen Zeitgenossen das Traktat „Il trattato di Antonio da Pisa sulla fabbricazione delle vetrate artistiche“ über die Herstellung von Bleiglasfenstern vor. Das Traktat enthält Ratschläge, welches Glas für ein Fenster ausgewählt und wie es nach einer Kontur geschnitten werden sollte; ferner wird benannt, wie die einzelnen Glasstückchen miteinander durch H-förmige Bleistege verbunden werden sollten. Außerdem beschrieb der Autor verschiedene Techniken der Restaurationsarbeit, um den Bleiglasfenstern ihre Schönheit zurückzugeben. In diesem Traktat wurden die Geheimnisse der Herstellung von komplizierten Bleiglasfenstern und auch die natürlichen Mineralien beschrieben, die einer geschmolzenen Glasmasse zugefügt werden sollten, um eine ganz bestimmte Glasfarbe zu erhalten.

Entwicklung der Buntglasfenster im 15. und 16. Jahrhundert

Im 15. und 16. Jahrhundert entwickelte sich in England sowie einigen anderen europäischen Ländern die Kunst der Herstellung des Buntglases weiter, beispielsweise die Glasfenster der Westminsterabtei in London und die Fenster in der Kathedrale von St. Davids in Wales.

So langsam spielte die Malerei in den Kirchenfenstern eine immer größere Rolle. Die Glasmacher mussten mehr mit Malern zusammenarbeiten, weil für die Kirchenfenster immer öfter Glasmalereien statt Buntgläser verwendet wurden. Zwar ist in verschiedenen Büchern zu lesen, dass es in den Glashütten des Mittelalters eine funktionale Arbeitsteilung gegeben habe, doch war diese in der Praxis nicht so streng organisiert.

Die hochspezialisierten Glasmacher konnten unterschiedlichste Arbeitsschritte durchführen. Sie entwickelten neue Techniken und versuchten reiche Sponsoren für ihre Arbeit zu begeistern. Auch die Klöster zogen Glasmacher und Glasmaler zum Schaffen von Glasfenstern für ihre Kirchen heran.

Die Herstellung farbiger Glasfenster mit oder ohne bildliche Darstellungen ist eine geschätzte Kunst und hat

Abbildung 27: Grablegung Christi. Andrea del Castagno, 1444. Duomo in Florenz, Italien.

heute wie damals einen besonderen Stellenwert in der Malerei. Nach alter Tradition und mit überliefertem Handwerkszeug entstehen echte Glasmalereien in Handarbeit. Die Grundlage bilden meist Kundenwünsche und Kundenvorlagen. Daraus entstehen von Hand die Zeichnungen, die später mit Fehnpinsel, Gänsekiel oder Feder auf Glas übertragen und ausgearbeitet werden.

Im Kircheninneren leuchten die Buntglasfenster um die Wette. Sie stammen vorwiegend aus dem 15. oder 16. Jahrhundert, setzen Inhalte aus der Bibel und Kirchengeschichte sowie Darstellungen von Königen und Königinnen um und unterrichten Menschen in Religion. Die Farbigkeit, in die der Innenraum durch die Buntglasfenster getaucht ist, lässt noch heute erahnen, wie dies auf die Gläubigen gewirkt haben muss.

Während des 15. und 16. Jahrhunderts verbreitete sich die runde Form des Glasmedaillons und die Motive der Buntgläser schlossen neben biblischen Darstellungen Porträts und Zeichnungen zum Thema griechische Mythologie ein. Das Hauptinteresse lag auf der Darstellung der Familienwappen.

Um einen Entwurf für ein Buntglas zu erstellen, wurden die bekanntesten Maler wie Dürer, Barthel, Beham und Grien eingeladen.

Von Albrecht Dürer und seinem Schülerkreis – in erster Linie Hans Baldung Grien (1484/1485-1545) sowie Hans von Kulmbach (um 1480-1522) – stammt der bei Weitem größte Teil erhaltener Vorlagen für die Glasmalerei: Gesamtfensterentwürfe, Entwurfsskizzen und ins Reine gezeichnete Visierungen, das heißt Entwürfe oder Skizzen zu Einzelfiguren und Szenen, Risse für kleinformatige Kabinettscheiben oder Kartons für monumentale Kirchenfenster sind in weit über hundert Exemplaren in den grafischen Sammlungen weltweit erhalten, wobei viele Zeichnungen ihre Bestimmung nicht auf den ersten Blick preisgeben.

Die besondere Faszination der Glasfenster geht vom durchscheinenden Licht aus. Die durchsichtigen Bilder entstehen durch die einzigartige Malkunst mit Farben von extrem hoher Leuchtkraft, die auch große Helligkeitsunterschiede aufweisen können. Für die Kirchenglasfenster wurden tiefe und satte Farben verwendet, anfangs vorrangig nur Blau und Rot, später kamen Grün, Violett und andere Farben hinzu.

Farbige Verglasungen in Kirchen und Profangebäuden waren zu jeder Zeit in ihrem Bestand gefährdet, da sie durch Verwitterung, Vogelkot, Kondenswasser, sauren Regen und Abgase beschädigt oder zerstört werden können. Doch Kirchenfenster, bestehend aus Buntgläsern nach der Grisaille-Technik, bei denen weißmilchige Glasscheiben mit den verschiedensten Formen pflanzlicher Ornamente wie Ranken und Blattwerk mit brauner und schwarzer Farbe bemalt wurden, kamen weiterhin zum Einsatz. Die traditionelle Herstellung von Glasfenstern wurde modernisiert. Im Laufe des 14. Jahrhunderts wurde ein neues Verfahren entwickelt, das es erlaubte, einen technischen und ästhetischen Umschwung in der Glaskunst herbeizuführen.

Trotz der vielen Katastrophen des 14. und 15. Jahrhunderts – beispielsweise der Hundertjährige Krieg zwischen England und Frankreich sowie der Schwarze Tod, die Pest – breitete sich die Renaissance, ausgehend von Italien, in ganz unterschiedlichen Bereichen in Europa aus. Zu den besonderen Neuheiten der Frührenaissance gehören die Medaillons. Sie erschienen zuerst in England, hatten sehr selten einen Durchmesser von mehr als 30 cm und wurden recht schnell zu einem unerlässlichen Attribut der Glaskunst in Flandern. In der Spätgotik und Renaissance spielten die Medaillons eine besondere Rolle in der Entwicklung des Glasfensterdesigns.

Im 15. Jahrhundert wurde die Herstellung der Kirchenfenster komplizierter. Da die Maler bleiche Farben und große Bilder für die gesamte Fensterfläche brauchten, wurden neue Methoden der Farbverbesserung entwickelt, noch häufiger allerdings wurde Weißglas verwendet.

Aus der Gotik blieben die Kirchenfenster als eine spezifische Form der Kunst in Mitteleuropa erhalten. Wie auf den Glasfenstern der Klosterkirche Königsfelden im Schweizer Kanton Aargau zu sehen ist, verwendeten die Maler aus Mitteleuropa die Neuheiten in Bezug auf Farbverbesserung in ihren eigenen Stilen. Im Jahr 1430 schuf Hans Acker die Glasfenster für die Bessererkapelle des Ulmer Münsters, die wegen ihrer wunderschönen Kombinationen der Dekorfarbe und der Form weltbekannt ist.

Der Maler Belbello da Pavia aus Norditalien war der Gestalter der Propheten und anderer Figuren für die neue Basilika in Mailand. Obwohl sich in Italien die Buntglasfenster wegen des sonnigen Klimas nicht genauso durchsetzen konnten wie in Nord- und Zentraleuropa, sind in Italien viele wunderschöne Kirchenfenster zu finden (Abbildung 27).

Die Glasmacher benötigten verschiedene Kombinationen an Farben und Motiven, um ein neues Ornamentglas herzustellen. Die Kirchenglasfenster mit ihren seitlichen Schmuck- und Dekorelementen sowie den sie umringenden Motiven waren im Mittelalter eng miteinander verbunden. Am wichtigsten waren Bibelthemen: Die Maler zeigten Motive aus dem Leben der Heiligen und Bilder von den Taten Gottes. Ein wichtiger und sehr bekannter Ort in der Entwicklung der deutschen Glasmalerei war damals die Werkstatt der Heiligen Cäcilia bei Köln. Dort wurden die berühmtesten Glasfenster für das gleichnamige Kloster hergestellt. Einige Glasfenster wurden aufbewahrt und in der Sakramentskapelle des Kölner Doms eingebaut.

Die erste Hälfte des 16. Jahrhunderts war die Blütezeit der Glaskunst in der Renaissance. In dieser Periode wurde eine große Menge an Bleiglasfenstern von sehr hoher Qualität hergestellt. Die Maler des 16. Jahrhunderts verwendeten eine universale technische Sprache und die bedeutendsten Maler und Künstler der italienischen Renaissance wie Raphael, da Vinci und Michelangelo veränderten für immer das Konzept der Bildhauerei und Malerei in Europa. Während dieser Zeit traten die Bildmotive auf Glas aus dem Rahmen der bildlichen Darstellungen heraus und die Glasfenster schmückten nicht nur die Kirchen, sondern auch mehrere Häuser und Institutionen. In Westeuropa wurden von Ende des 15. bis Ende des 16. Jahrhunderts, im heutigen Belgien und Holland sogar bis Ende des 17. Jahrhunderts Gebäude mit Bleiglasfenstern ausgestattet.

Eine stilistische Erneuerung der Bleiglasfenster in der Renaissance wurde mithilfe wesentlicher technischer Verbesserungen erreicht. Dazu gehörten die Glasfenstervergrößerung, die Reinheit und die Durchsichtigkeit des bunten und weißen Glases sowie eine spezielle Kratzmethode für das gemalte Buntglas.

Es wurde zudem die Methode des „roten Hematitätzens“ neben der bereits existierenden Silbergelbmalerei eingeführt. Ein Beispiel der Silbergelbmalerei auf großen

Flächen von bemaltem Glas ist die Arbeit des französischen Glasmalers Engrand Leprince (gestorben um 1531). Zu Beginn des 16. Jahrhunderts stellte er mit seinem Bruder Glasfenster her, die das Kunstniveau der Region Hauts-de-France im Norden Frankreichs bestimmten. Die Komposition mithilfe von Silbergelbmalerei von Engrand Leprince basierte oft auf einem Vergoldungseffekt, wie eine Darstellung der Wurzel Jesse auf einem bearbeiteten Glasfenster der Chapelle Saint-Claude der St-Étienne (Beauvais)-Kirche in Frankreich zeigt. Das Glitzern der Silbergelbmalerei harmoniert mit dem eingerahmten, dichten blauen und roten Glas.

Die technologischen und ästhetischen Neuerungen führten Anfang des 16. Jahrhunderts zu einer Reduzierung der Fensterkreuzmenge. In diesem Zeitraum wurde die Herstellung der Kirchenglasfenster mit verschiedenartigen Technologien und Materialien, die für eine Realisierung der komplizierten visuellen Effekte notwendig waren, charakteristisch. Diese Effekte kann man durch Ätzen, Sandstrahlen und Bemalung mithilfe von undurchsichtigen Emails auf der gesamten Glasfläche erreichen. Die mit Sand gestrahlten, mehrschichtigen Gläser waren grell und sowie von einem besonderen Blau und sind zudem zu den höchsten Errungenschaften der Glaskunst des 16. Jahrhunderts zählen. Dennoch blieb das traditionelle Buntglas die Haupttechnologie.

In Holland und Flandern führte die Verbindung von örtlichem Realismus und italienischer Form zur Herstellung majestätischer Glasfenster. Sie verzaubern durch ihre Formen, Höhen und Farben. Die enorme Vergrößerung der weltbekannten Glasfenster in der Kathedrale in Brüssel wurde dadurch begünstigt, dass sich zu der Zeit eben dort der Hof des Heiligen Römischen Reiches befand. Der flämische Maler Bernard van Orley (1491/ 1492-1542) konzipierte im Jahr 1537 das erste von zwei gigantischen Fenstern, die sich einander gegenüberliegend im Querschiff der Kathedrale St. Michel in Brüssel befinden. Die großen Bleiglasfenster eines anderen bedeutenden niederländischen Glasmalers, Dirck Crabeth (1505-1574), befinden sich in der gotischen Kreuzbasilika Sint-Janskerk in der Stadt Gouda (Holland), die Johannes dem Täufer, dem Schutzpatron Goudas, gewidmet ist.

Die Brüder Dirck und Wouter Pietersz II. Crabeth entwickelten die Traditionen der italienischen Renaissance

Abbildung 28: Die Frage, die man Jesus vor seinen Junger stellte: Für wen die Leute den Menschensohn halten? Dirck Crabeth, 1556. Saint-Johannis-Kirche in Gouda, Holland.

weiter. Sie konzipierten einige Bleiglasfenster und stellten diese für die Sankt-Johannes-Kirche in Gouda her. Für diesen Auftrag malte Dirck Crabeth die Komposition „Die Vertreibung Heliodors", in der die Struktur der zwei Fresken von Raphael im Vatikan-Palast wiederholt wurde.

Die Glaskunst der holländischen und flämischen Maler und Glasmacher erreichte ihren Höhepunkt Ende des 16. Jahrhunderts. Während dieser Zeit wurden sie oft nach England, aber auch nach Spanien und Italien – zum Beispiel nach Mailand – eingeladen. Alle inneren Segmente der vielen holländischen und flämischen Glasfenster wurden mit komplizierten Kombinationen gefüllt.

Für die Ausschmückung eines Hauses wurden sogenannte „Kabinett-Buntgläser" – monofarbige Gläser – mit zivilen Motiven wie Wappen und Kleinoden versehen.

Doch schon gegen Ende des 16. Jahrhunderts begannen die Glasmalereien zu verfallen. Die raumverdunkelnden farbigen Fensterverschlüsse mussten oftmals den lichtspendenden Blankverglasungen weichen. Während der Zeit des Barocks und der Klassik verschwanden die hochwertigen Buntgläser aus dem Interieur.

Die Reformation beendete die letzte Blüte monumentaler sakraler Glasmalerei. Die Nachfrage nach Wappenscheiben blieb davon unberührt und auch der Markt für fromme und profane Darstellungen im Kabinettscheibenformat – beispielsweise Monatsbilder, religiöse, mythologische und allegorische Themen – hatte Bestand. So finden sich bis weit ins 17. und 18. Jahrhundert hinein, allerdings mit zunehmend sinkendem Anspruch, Zeugnisse dieser Art.

Glasfenster und ihre Betrachter

Über Jahrhunderte hinweg wurden Wissen und Unterweisung rund um den Glauben ausschließlich über Bilder – nämlich Altar- und Deckengemälde oder Kirchenglasfenster – sowie figürliche Darstellungen vermittelt. Die Geschichten, die auf den jeweiligen Kirchenglasfenstern abgebildet sind, werden durch das Spiel von Licht und Schatten erzählt: durch das Aufhellen und Abdunkeln der einzelnen Bildelemente. Niemand musste lesen können, um die heiligen Geschichten der Bibel zu verstehen oder das Vorbild heiliger Frauen und Männer als mahnend oder tröstend zu erleben. Fest steht, dass auch heute noch nach wie vor vieles visuell wahrgenommen und abgespeichert wird.

Heute sind Glaubenstraditionen in allen nur denkbaren Formen schriftlich gesichert. Man kann sich vielleicht vorstellen, wie es während der Zeit des Mittelalters gewöhnlichen Personen ergangen sein muss, wenn sie die

Kirchenfenster in den monumentalen Heiligtümern erblickten und mit ihren kleinen Hütten und Höfen verglichen – in einer Epoche ohne Zeitung, Fernsehen oder andere Medien. Die Wirkungskraft, besonders die religiöse Wirkung der Kirchenfenster war schlichtweg enorm und ließ die Menschen tief in den christlichen Glauben eintauchen. Dabei sahen die biblischen Szenen und Heiligenfiguren, die erzählend und ungemein kunstfertig aneinandergefügt wurden, um sie im Licht der Sonne erstrahlen und zu einem echten Ereignis werden zu lassen, höchst beeindruckend aus.

Um die Heiligenbilder vor der Kritik einiger Kleriker zu schützen, die in den Glasabbildungen der Heiligen einen Rückfall in den Götzendienst sahen, schrieb Papst Gregor I. (Gregor der Große, 540–604; war Papst 590–604), dass die Kirchenfenster mit „Geschichten" sogenannte „Bücher für Analphabeten" seien. Denn, so Paps Gregor I., sie lehrten diejenigen die Grundlagen der Heiligen Geschichte und der christlichen Lehre, die keinen direkten Zugang zum Bibeltext und zu den Ausführungen der Kirchenväter hätten.

Nach Papst Gregor I. und einer Reihe von Theologen,

die dessen Ausspruch wiederholten oder variierten, haben Historiker jahrzehntelang über die ikonografischen Programme mittelalterlicher Kirchen – einschließlich der farbigen Kirchenfenster – wie von einer „Bibel für Analphabeten" oder einer an die Laien adressierten Predigt gesprochen.

Das ist sicherlich richtig, aber nur teilweise. Mittelalterliche Betrachter sahen auf einem Kirchenfenster tatsächlich die wichtigsten Episoden der Geschichte des Alten und Neuen Testaments, Heldentaten von Heiligen und Wundern, die durch Reliquien oder Ikonografie geschaffen wurden.

Die Abbildungen auf Glas popularisierten die Kulte der neuen Heiligen und verstärkten das Gefühl der Heiligkeit der Kirche. In ihrer Handlung und Zusammensetzung waren jedoch viele Kirchenfenster so komplex, dass ein mittelalterlicher Gläubiger – sei es ein Kirchengemeindemitglied, das diese Glasfenster wöchentlich sah, oder sei es ein Pilger, der auf seiner Wanderschaft in die Kirche kam, um dort zu beten – in den Motiven der Kirchenfenster nicht mehr verstand alsein moderner Tourist ohne Erklärungen eines Fremdführers.

Die Szenen auf den Kirchenfenstern wurden von einigen Malern oftmals mit Texten, Unterschriften und teilweise auch mit Bibelzitaten ausgestattet. Aber selbst diese Signaturen - wenn sie überhaupt gelesen werden konnten - wurden nur von denen verstanden, die zumindest Latein beherrschten und in der Lage waren, die theologischen Anspielungen zu erkennen, das heißt nur von gebildeten Klerikern und von einem engen Kreis an Laienwissenschaftlern. Das bedeutet, dass ein Kirchenfenster für die Gemeindemitglieder häufig nicht zugänglicher als ein auf Pergament verfasstes Buch war.

„Verwandeltes Licht“ – Farbenpracht der Kirchenfenster

Ein Kirchenfenster ist ein Instrument des Glaubens. Dies ist in erster Linie ein Eindruck, das Spiel mit Glasfarben und Licht, das sich an den bunten Fenstern bricht und bizarre Farbspiele hervorruft, verzaubert den Kircheninnenraum. Durch diese besondere Atmosphäre bekommen die Gläubigen das Gefühl, Gott näher zu sein. Das Licht als Sinnbild für den Ursprung des Seins und der Weisheit Gottes wirkt ganz besonders, wenn es durch bemaltes Glas strahlt.

Das Mosaik der vielfarbigen Gläser (Abbildung 29) erfüllt eine Kirche mit roten, blauen, grünen und violetten Strahlen. Diese farbigen Strahlen sind den Edelsteinen ähnlich und überall zu finden: auf dem Boden und an den Wänden, an Altären und Skulpturen, in den Nischen, in den Sesseln der Kleriker und auf den Grabplatten. Die Farben verändern sich durch Licht und die Glasmeister wussten sehr genau, wie sich Licht verhält.

Abbildung 29: Migueas, Abraham, Isaac und Amos. Enrique Aleman (1478). Kathedrale Santa María de la Sede in Sevilla, Spanien.

Deswegen mussten Glasmalereien immer an Ort und Stelle überprüft werden.

Eine mittelalterliche gotische Kirche, die nach der Offenbarung des Johannes (21,3) „die Wohnung Gottes unter den Menschen!“ ist, versteht sich als irdisches Abbild des himmlischen Jerusalem, das in der Offenbarung als Stadt beschrieben wurde, die vom Himmel herabschwebt. Diese Vorstellung orientiert sich an der als Vision aufgezeichneten Schilderung der Offenbarung des Johannes. Die dort erwähnte leuchtende und goldene Himmelstadt wird in ihrer ganzen strahlenden Pracht geschildert: „Sie glänzte wie ein kostbarer Edelstein, wie ein kristallklarer Jaspis“; und weiter heißt es: „Ihre Mauer ist aus Jaspis gebaut und die Stadt ist aus reinem Gold, wie aus reinem Glas.“

Das Licht, das durch die farbigen Glasfenster flutet, verwandelt die filigranen Kreuzrippengewölbe des Bauwerkes in ein Himmelsgewölbe. Das Tiefrot und das Blau der Glasscheiben sind den in der Offenbarung genannten Rubine und Saphire gleichzusetzen, die untergeordneten Farben den anderen erwähnten Edelsteinen. Im Mittelalter war die Vorstellung geläufig, dass farbiges Glas eine dem Licht wesensverwandte Materie sei und aus Edelmetallen oder Edelsteinen hergestellt werde. Dazu kam die Farbigkeit der Mauerwände und der Gewölbezwickel. In diese Farbenvielfalt und in die skulptierten Darstellungen der Gewölbeschlusssteine sind christliche Symbole eingebettet. Im Sinne der Kirche standen dabei immer der Glaube und Christus im Zentrum.

Glasfenster

Kirchenfenster lesen und verstehen

Vielleicht sind den Besucherinnen und Besuchern einer Kathedrale, eines Doms, eines Münsters oder einer einfachen Kirche schon einmal die aufwendig gearbeiteten Kirchenglasfenster aufgefallen, die in kräftigen Farben leuchten. Auf den ersten, flüchtigen Blick sieht man nur Farben, Linien und kräftiges Grün, leuchtendes Orange, begrenzt von brüchigen schwarzen Strichen, schattierten Flächen. Doch das genauere Hinsehen wird belohnt.

Bei den Geschichten, die sich hinter den farbigen Gläsern verbergen, stößt man immer wieder auf Beispiele aus der Mythologie und Kulturgeschichte. Motive, Handlungen und Personen aus der Bibel und weltlichen Geschichte auf den farbigen Gläsern fordern dazu heraus, die komplexen Phänomene, Erfindungen und Entdeckungen zu verstehen. Die Auswahl an biblischen Geschichten erfolgte nicht nur unter dem Gesichtspunkt der Heilsgeschichte, sondern auch in der Erwartung, dass

Abbildung 30: Mose und der brennende Dornbusch. Meister Gerlach, 12. Jh. Abteikirche Arnstein/Lahn. LWL-Museum für Kunst und Kultur, Münster/Westfalen.

die Betrachter ihre Lebensführung an deren Botschaft ausrichten würden. Die Geschichten der Zerstörung Sodoms, des Brudermords an Abel oder der Sintflut zeigen furchterregende Drohungen.

Damit das Licht des Buntglases die Herzen der Gläubigen auch wirklich erleuchtete, sollten die Menschen natürlich in der Lage sein zu verstehen, was dort dargestellt ist. Die Geschichten auf den Fenstern konnten die gesamte Fensterfläche einnehmen und dort eine oder mehrere Figuren, die neben- oder übereinander angeordnet waren, zeigen: etwa alttestamentliche Propheten, Aposteln oder Heilige. Sie konnten aber auch ein Motiv beinhalten, beispielsweise die Kreuzigung Christi oder die Hinrichtung eines christlichen Märtyrers.

Auf einem Glasfenster hütet Mose die Schafe, treibt sie über die Steppe und kommt an den Berg Gottes. Und der Engel des Herrn erscheint ihm in einer feurigen Flamme aus dem Dornbusch (Abbildung 30). Und er sieht, dass der Busch brennt und doch nicht verzehrt wird.

Mose – auf der linken Seite – hat seineSchuhe ausgezogen, weil dieser Ort für ihn heilig ist. Die Schlangenform seines Stabes verweist auf das Wunder, mit dem er das Recht hat, sein Volk zu führen (2 Mose 4,1-4). Gott spricht aus dichtem Gehölz heraus. Sein Kopf ist von einem Heiligenschein mit Kreuz umgeben. Obwohl in der Bibel (2 Mose 3,1-10) steht: „Mose verhüllte sein Angesicht; denn er fürchtete sich, Gott anzuschauen“, sieht Mose Gott hier direkt an. Meister Gerlach hat sich hier selbst dargestellt, den Pinsel in der Hand, völlig konzentriert auf seine Arbeit. Die Inschrift bittet Gott um Gnade für Künstler: „Rex regum clare, Gerlacho propitiare“.

Im Gegensatz zu Altären, Heiligenbildern, Statuen und Fresken wandten sich Menschen im Gebet niemals den Kirchenfenstern zu. Die Kirchenfenster mit den abgebildeten Heiligen könnten jedoch auch als ein Kommunikationswerkzeug gesehen werden. Denn nicht zufällig sind auf solchen Glasfenstern auch Inschriften-Gebete wie „Heiliger Bonifatius, bitte für uns“ zu sehen.

Die Geschichten hinter den Kirchenfenstern

Eine andere Art von Kirchenfenstern ist es, wenn in einzelnen Segmenten Schritt für Schritt irgendwelche biblischen oder weltlichen Geschichten erzählt werden: zum Beispiel die Passion, die missionarische Tätigkeit des Apostels Paulus oder das Leben der heiligen Elisabeth von Thüringen.

Ein beliebtes Thema war die „Wurzel Jesse", eine bildliche Darstellung der Abstammung Jesu aus dem Geschlecht Davids. Auf diesen Glasfenstern werden die einzelnen Fragmente der Geschichte in gleiche Quadrate, Kreise, Vierpasse oder in andere Figuren gesetzt.

Um den Geschichtenrhythmus zu verstärken, wechseln sich beispielweise Quadrat, Kreis und Quadrat ab oder bilden sogar ein komplexes geometrische Schema. Einige Szenen sind in Segmente, in die das mittlere Quadrat unterteilt ist, eingeschlossen, andere dagegen

Abbildung 31: Glasfenster mit der alttestamentarischen Geschichte von Joseph, 13. Jh. Kathedrale Notre-Dame in Chartres, Frankreich.

befinden sich in Halbkreisen, die an die Ränder des Quadrates grenzen.

In dem Quadrat, das auf der Spitze steht, beginnt die Geschichte des alttestamentarischen Vorvaters Joseph (Abbildung 31), der von seinen Brüdern in die Sklaverei verkauft wurde: Als er einen Traum hat („hier, die Sonne und der Mond und elf Sterne verehren mich ...“) und diesen seinen Brüdern mitteilt, hassen diese ihn noch mehr als zuvor. In den oberen zwei Halbkreisen verkaufen die Brüder Joseph an Kaufleute und bringen ihrem Vater Jakob dessen mit Ziegenblut beschmierte Kleidung, um dem Vater zu bezeugen, dass sein jüngster Sohn von wilden Tieren in Stücke gerissen wurde. In den beiden unteren Halbkreisen sind die Geldwechsler dargestellt, die der Kathedrale dieses Glasfenster geschenkt haben.

In einigen Manuskripten wird der Geschichtenaufbau wie ein Comic präsentiert, bei dem die Geschichte in einzelne Szenen unterteilt ist. Zum Beispiel ist im Great Canterbury Psalter jede Seite auf Quadrate oder Kreise mit individuellen Texten darunter aufgeteilt und im Lorscher Evangeliar sind die Szenen in Kreise, an den Rand

Abbildung 32: Great Canterbury Psalter. England, Anfang 13. Jh. Quelle: gallica.bnf.fr / BnF

des Kreises, in Halbkreise und in Quadrate gesetzt (Abbildung 32).

Die Geschichte sollte hier von links nach rechts und von oben nach unten gelesen werden. Die ersten zwei Zeilen sind den sechs Tagen der Schöpfung gewidmet. In der dritten Zeile sind die Schöpfung von Adam und Eva sowie der Sündenfall dargestellt. In der nächsten Zeile folgen deren Austreibung aus dem Paradies und die Strafe für ihren Ungehorsam: Und zum Weibe sprach er:

„Ich will dir viel Schmerzen schaffen, wenn du schwanger wirst; du sollst mit Schmerzen Kinder gebären." Und zu Adam sprach er: „Dieweil du hast gehorcht der Stimme deines Weibes und hast gegessen von dem Baum, davon ich dir gebot und sprach: Du sollst nicht davon essen, verflucht sei der Acker um deinetwillen, mit Kummer sollst du dich darauf nähren dein Leben lang" (1 Mose 3, 16-17). In der letzten Szene bringen Kain und Abel Gott ein Opfer dar. Gott aber nimmt das Geschenk nur von einem an. Das führt schließlich zur Ermordung Abels durch Kain und zum ersten Brudermord der Geschichte.

Genau wie Comics in Manuskripten erzählen Abbildungen auf Kirchenfenstern von wichtigen historischen Ereignissen und biblischen Geschichten. Um diese wunderbaren Farben auf den Kirchenfenstern zu erhalten, war es notwendig, Gold zu verwenden. Farbige Buntglasfenster sind teuer. Es ist daher außergewöhnlich, dass einige alte Kirchen so viele Buntglasfenster erhielten.

Im Mittelalter basierte das Ausfüllprinzip der Glasfensterfläche auf einer stufigen Anordnung der Motive.

Abbildung 33: Legende über den Hl. Julianus Hospitator. Kathedrale Notre Dame in Rouen, Frankreich.

Jedoch werden im Gegensatz zum Buch, das von links nach rechts und von oben nach unten gelesen und angeschaut wird, die erzählenden Bildergeschichten der Kirchenfenster im Allgemeinen von links unten nach oben „gelesen". Das bedeutet, dass ein Gläubiger oder Besucher der Kirche mit den Episoden, die sich in seiner Nähe befinden, anfangen und dann den Blick immer höher wandern lassen sollte.

Ein Glasfenster etwa erzählt eine Legende über den heiligen Julianus Hospitator, von der sich der französische Schriftsteller Gustave Flaubert in seiner Kurzgeschichte „The legend of Saint Julian the Hospitaller" hat inspirieren lassen. Das Glasfenster liest sich von links nach rechts, Register für Register wie ein Comic, aber eben von unten nach oben (Abbildung 33).

31, 33 – 34: Zwei Engel (31), (33) bringen die Seelen von Julian und seiner Frau zu Christus in Majestät (34).

↑

32: Julian und seine Frau widerstehen den Angriffen des Teufels und sterben einen heiligen Tod (32).

↑

28 – 29 – 30: In den Medaillons (28) bis (30) versucht der Teufel Julian und seine Frau zu verführen, die geschworen haben, Mäßigkeit zu bewahren.

↑

22 - 23 - 24 - 25 - 26 - 27: In den oberen Medaillons 22 bis 27 wird Julian nachts von Christus von der anderen Seite des Flusses gerufen.

↑

19 - 20 - 21: Um zu bereuen, pilgern Julian und seine Frau nach Rom (19) und gründen ein Hospital für Pilger und Kranke an einem Flussufer (20); Julian macht sich auf zum Schleuser und bringt mit einer Fähre Reisende ans andere Flussufer (21).

↑

16 - 17 - 18: Julian kehrt nach Hause zurück (16) (siehe Medaillon 7); er hält seine Eltern für seine Frau und ihren Liebhaber und tötet sie; (18) seine Frau erfährt die ganze Wahrheit (18).

↑

13 - 14 - 15: Julian schläft unter seinem Zelt (13). Seine Eltern suchen ihn; sie kommen zu Julians Haus (14); Julians Frau begrüßt sie und überlässt ihnen zum Schlafen das Bett (15).

↑

10 - 11 - 12: Er bleibt bei seinem Schlossherrn, als dieser stirbt (10); er heiratet die verwitwete Schlossherrin (11) und zieht in den Krieg (12).

↑

7 - 8 - 9: Um seinem Schicksal zu entkommen (7), verlässt Julian seine Familie und schließt sich dem Haus-

↑

halt eines Schlossherrn an (dieses Medaillon wurde an eine andere Stelle verlegt, als das Fenster eingestellt wurde, und befindet sich jetzt im sechsten Fach auf der linken Seite); (8) Julian wartet auf seinen Herrn am Tisch und (9) kümmert sich um ihn bei schlechter Gesundheit.

↑

4 - 5 - 6: Drei Bilder erzählen von Julians Kindheit. Ihm wurde vorhergesagt, dass er seine eigenen Eltern ermorden würde.

↑

1 - 2 - 3: Fischhändler bei der Arbeit - sie waren die Stifter des Glasfensters.

Abbildung 34: Auferstehung Jesu Christi. 1330-1340. Straßburger Münster, Süd-Portal.

Als ein weiteres Beispiel dient das 4. Glasfenster des Süd-portals des Straßburger Münsters (Abbildung 34). Auf dem Fenster sind die Szenen der Auferstehung und die nachfolgenden Ereignisse dargestellt (von links nach rechts):

1 - 2 - 3 - 4

5 - 6 - 7 - 8

9 - 10 - 11 - 12

13 - 14 - 15 - 16

Obere Reihe: Kommen des Heiligen Geistes zu den Aposteln (1); Warten auf das Ankommen des Heiligen Geistes (2); Christus, der Erretter in den Wolken (3); Himmelfahrt (4).

↓

Zweite Reihe von oben: Jesus Christus erscheint den Aposteln beim Abendessen (5); der wunderbare Fischfang (6); Jesus Christus erscheint den Aposteln in Galiläa (7); Jesus Christus erscheint dem Apostel Thomas (8).

↓

Zweite Reihe von unten: Jesus Christus erscheint den elf Aposteln (9); Abendmahl in Emmaus (10); Jesus Christus erscheint den Frauen und dem Apostel Petrus (11); Jesus Christus erscheint Maria Magdalena nach der Auferstehung (12).

↓

Untere Reihe: Die Frauen am leeren Grab (13); Auferstehung (14); in Ketten gelegter Teufel (15); Abstieg von Christus in die Unterwelt (16).

Es gibt jedoch Fälle, in denen die Reihenfolge des Lesens mit jeder Zeile geändert wird: Die untere Reihe wird von links nach rechts gelesen, die zweite Reihe jedoch von rechts nach links, danach wird wieder von links nach rechts gelesen usw. Eine solche Reihenfolge, die wie ein Zickzack aussieht beziehungsweise die in jeder neuen Zeile die Richtung wechselt, heißt Bustrophedon: Das kommt aus dem Altgriechischen und setzt sich aus den Wörtern „Ochse" und „wenden" zusammen. Wörtlich bedeutet es „ochsenwendig". Gemeint ist: „hin und her wie ein Ochse beim Pflügen". Im Deutschen wird gelegentlich der Ausdruck „furchenwendig" verwendet:

7 – 8 – 9

6 – 5 – 4

1 – 2 – 3

An einigen Glasfenstern beginnt die Erzählung von oben, eine solch ungewöhnliche Anordnung ist in der Regel ideologisch begründet. Zum Beispiel ist auf dem Passionen-Glasfenster in der Kathedrale Notre Dame in

Abbildung 35: Passions- und Auferstehungs-Glasfenster, 12. Jh. Kathedrale Notre Dame in Chartres, Frankreich.

Chartres als Ausgangspunkt die Figur von Christus in ihrer Herrlichkeit ganz oben dargestellt (Abbildung 35): So wurde zusätzlich betont, dass das die Geschichte der Menschwerdung Gottes ist, der auf die Erde kam, um die Qualen zu ertragen und die Erbsünde zu sühnen, die auf den Menschen lasteten.

Im Gegensatz zu Miniaturen, die sich auf verschiedenen Blättern eines Manuskripts befinden, kann das gesamte Kirchenglasfenster mit einem einzigen Blick erfasst werden (oft zusammen mit benachbarten Glasfenstern) doch der Weg, den der Blick tatsächlich nimmt, stimmt nicht unbedingt mit der Reihenfolge der Geschichten überein, die auf dem Glasfenster dargestellt sind. Der Blick der Besucherin und des Besuchers der Kirche wandert von einer Figur zur nächsten, von einer Szene zur nächsten und bleibt dann an bekannten Episoden und leicht erkennbaren Personen haften.

Typologisches Kirchenglasfenster: Beziehung zwischen Altem und Neuem Testament

Im Vergleich zu den einfachen Kirchenfenstern mit ihren Geschichten sind typologische Glasfenster sehr viel komplizierter angeordnet. Denn solche Fenster kombinieren mehrere Geschichten, die miteinander korrelieren oder die Hauptgeschichte mit einem Kommentar aus anderen Quellen versehen. Diese Aufgabe erfordert eine erfindungsreiche „Montage".

Der Begriff der Typologie kommt aus dem Altgriechischen und setzt sich zusammen aus „typos" mit der Bedeutung „Vorbild", „Urbild" sowie „logos" für „Lehre" und hat unterschiedliche Bedeutungen. Eine Bedeutung bezeichnet die Methode der Interpretation der Heiligen Schrift und ist somit ein Stil historischen Denkens in Bezug auf die Auslegungstradition der Bibel, wobei alttestamentliche Figuren und Ereignisse miteinander in

Beziehung gesetzt werden. Dabei stellen die alttestamentlichen Figuren und Ereignisse „den Typos“, das Vorbild, dar. Das bedeutet, dass Ankündigungen aus dem Alten Testament im Neuen Testament vollendet werden.

Es geht dabei nicht um eine verbale Prophezeiung, sondern darum, die im Alten Testament beschriebenen Ereignisse als Hinweis auf die kommende Inkarnation und die Mission Christi zu sehen, die Menschheit zu retten. Damit soll verdeutlicht werden, dass vor allem die Propheten auf Christus hingewiesen hatten. Wie christliche Theologen bereits seit Jahrhunderten wiederholen, ist das Alte Testament vollständig im Neuen Testament verkörpert und das Neue Testament offenbart die wahre Bedeutung des Alten Testaments. Mit typologisch fundierter Folgerichtigkeit versuchten die Maler von Kirchenglasfenstern, hier Überzeugungsarbeit zu leisten .

Ein Beispiel für ein typologisches Glasfenster ist das Dreikönigenfenster des Kölner Doms (Abbildungen 36 und 37). Dieses besteht aus vier Bahnen und abschließenden Kopfglasscheiben, die durch Maßwerkbrücken unterteilt sind. Das Hauptfeld des Kirchenfensters stellt

Abbildung 36: Typologisches Dreikönigenfenster. Jüngerer Meister der Heiligen Sippe, 1508. Kölner Dom, Nördliches Seitenschiff.

Abbildung 37: Typologisches Dreikönigenfenster (Fragment).

die Geburt Christi dar und zeigt die Anbetung der Heiligen Drei Könige. Sie erscheinen mit prächtigem Gefolge und vielen Geschenken vor Maria und dem Kind. In der linken Bahn wird der Besuch der Königin von Saba bei König Salomo gezeigt, ein alttestamentliches Vorbild für die Anbetung der Könige. In den zwei unteren Reihen des Anbetungsfensters sind 16 Wappen zu sehen. Es ist die sogenannte „Ahnenprobe“ des Stifters Erzbischof Hermann von Hessen – er war von 1480 bis 1508 als Hermann IV. Kurfürst und Erzbischof von Köln und seit 1498 als Hermann I. auch Fürstbischof von Paderborn – und seiner Vorfahren.

Darunter befinden sich vier Heilige – die Patrone des Erzbischofs und seines Hauses: Petrus, der den erzbischöflichen Stifter präsentiert, Maria, die heilige Elisabeth von Thüringen und der heilige Christophorus. Die Ahnenprobe dient dem Nachweis der adeligen Abstammung und wurde für das Kölner Domkapitel im Jahr 1474 eingeführt: Mitglieder des Kapitels mussten 16 adelige Ahnen nachweisen.

In der Typologie erscheint die heilige Geschichte als ein Mehr-Ebenen-System. So sollte beispielsweise Isaak von seinem Vater Abraham geopfert werden, doch ein Engel hielt Abraham im letzten Moment davon ab, seinen eigenen Sohn zu töten. Stattdessen befahl Gott Abraham, ein Lamm zu opfern. Es musste sich dabei um ein widerstands- und fleckenloses Opfer handeln. Christus, der am Kreuz starb, nahm als Agnus Dei – ein freiwilliges Opfer – die Schuld und Sünde der Menschen auf sich. Josef wurde von seinen Brüdern verkauft; Jesus wurde von Judas verraten und verkauft.

Der Prophet Jonas hatte sich zunächst dem Willen Gottes widersetzt und war deshalb zur Strafe ins Meer geworfen und von einem Wal verschluckt worden. Nachdem er in dessen Bauch drei Tage lang gebetet hatte, spie ihn der große Meeressäuger wieder aus und der geläuterte Jonas erfüllte seine Pflicht (Abbildung 38). Die Geschichte von Jonas wurde im Zusammenhang mit Jesu Begräbnis und Auferstehung gebracht. Christus ist hinabgestiegen in das Reich des Todes und am dritten Tage wieder auferstanden von den Toten. Gegenüberstellungen wie „So wie Jonas drei Tage lang im Bauch des Wales lag, so ist auch Christus drei Tage lang im Grab gelegen" sollten die Richtigkeit der Verheißung beweisen.

Mose hat nach biblischer Legende auf Anweisung Gottes das Abbild einer Schlange aus Kupfer aufgestellt, um die Menschen nach dem Biss von feurigen Schlangen zu heilen. Diese Geschichte wird auch als eine Analogie zu Jesus Christus gesehen: „Und wie Mose die Schlange in der Wüste erhöht hat, so muss der Menschensohn erhöht werden, damit jeder, der (an ihn) glaubt, in ihm das ewige Leben hat“ (Joh 3,14–15). Viele Menschen sehen Parallelen zwischen den Ereignissen des Alten Testamentes und dem Leben Christi aus dem Neuen Testament.

Typologische Kirchenfenster lassen ganz leicht eine Verbindung zwischen einer Person oder einem Ereignis (Antitypos) aus dem Neuen Testament und einer Person oder eines Geschehens (Typos) aus dem Alten Testament erkennen. Dafür wird das Hauptmotiv zumeist im Zentrum des Glasfensters dargestellt und die Vorbilder, wie auf dem Glasfenster „Passion“ in der Kathedrale Notre Dame in Chartres, finden sich an den Rändern, beispielsweise in Kreisen, in den äußeren Segmenten der Vierpassen oder in den Sternstrahlen.

Neben streng typologischen Paaren enthalten solche Kirchenfenster manchmal auch nicht biblische Kommen-

Abbildung 38: Jona und der große Fisch. Fragment eines älteren Bibelfenster, um 1250/1260. Kölner Dom, Dreikönigen-Kapelle. www.koelner-dom.de

tare. So wurde beispielsweise das Blut, das Jesus Christus freiwillig vergossen hat, um die Menschheit zu retten, im Mittelalter mit dem Blut verglichen, mit dem der Pelikan seine eigenen Küken ernährt. Daher wurde neben der Kreuzigungsszene und außer den alttestamentlichen Personen oft ein Pelikan dargestellt, der seine Nachkommen füttert.

Um zu verstehen, wie die mittelalterliche Typologie „arbeitet“, soll noch ein weiteres Kirchenfenster aus der Kathedrale Notre-Dame in Chartres betrachtet werden, das die Geschichte eines Samariters erzählt. Dieses Glasfenster mit seinen typologischen Darstellungen diente als biblisches Erbauungsbuch für Wohlhabende, das ihnen die Einheit der Heilsgeschichte vor Augen führen, sie von der Übereinstimmung des Alten und Neuen Testaments überzeugen und tiefer in das Mysterium Christi eindringen lassen sollte (Abbildungen 39 und 40).

Der Evangelist Lukas schrieb (Lk 10,25-37), dass Jesus von einem gewissen Gesetzgelehrten gefragt wurde, wie folgende Wörter zu verstehen seien: „... den Herrn, deinen Gott, lieben aus deinem ganzen Herzen und mit deiner ganzen Seele und mit deiner ganzen Kraft und mit deinem ganzen Verstand und deinen Nächsten wie dich selbst“. „Und wer ist mein Nächster?“, wurde er weiter gefragt.

Abbildung 39:
Typologisches Glasfenster über einen gewissen Samariter, um 1205/1215. Kathedrale Notre-Dame in Chartres, Frankreich.

Abbildung 40:
Fragment des typologischen Kirchenfensters über einen gewissen Samariter, um 1205/1215. Kathedrale Notre Dame in Chartres.

Jesus aber antwortete und erzählte dem Gelehrten ein Gleichnis: „Ein gewisser Mensch ging von Jerusalem nach Jericho hinab und fiel unter Räuber, die ihn auch auszogen und ihm Schläge versetzten und weggingen und ihn halbtot liegen ließen. Von ungefähr aber ging ein gewisser Priester jenes Weges hinab; und als er ihn sah, ging er an der entgegengesetzten Seite vorüber. Gleicherweise aber kam auch ein Levit, der an den Ort gelangte, sah ihn und ging an der entgegengesetzten Seite vorüber. Aber ein gewisser Samariter, der auf der Reise war, kam zu ihm hin; und als er ihn sah, wurde er innerlich bewegt; und er trat hinzu und verband seine Wunden und goß Öl und Wein darauf; und er setzte ihn auf sein eigenes Tier und führte ihn in eine Herberge und trug Sorge für ihn. Und am folgenden Morgen als er fortreiste, zog er zwei Denare heraus und gab sie dem Wirt und sprach zu ihm: Trage Sorge für ihn; und was irgend du noch dazu verwenden wirst, werde ich dir bezahlen, wenn ich zurückkomme. Wer von diesen dreien dünkt dich der Nächste gewesen zu sein von dem, der unter die Räuber gefallen war?"

Er aber sprach: „Der die Barmherzigkeit an ihm tat."

Jesus aber sprach zu ihm: „Gehe hin und tue du desgleichen."

Dieses Glasfenster in der Kathedrale Notre-Dame in Chartres besteht aus drei großen Vierpassen (jedes von ihnen auf fünf Segmente verteilt – ein Vierpass in der Mitte und vier Blätter darum herum) mit jeweils zwei querrechteckigen Feldern zwischen den Vierpassen, die aus kleinen Kreisen und zwei Hälften des Vierpasses der beiden Seiten bestehen. Die Geschichte beginnt im unteren Blatt des unteren Vierpasses, wo sich Christus an zwei Pharisäer wendet. Danach geht es direkt in die Geschichte hinein. Im linken Blatt geht „ein gewisser Mensch" von Jerusalem nach Jericho; in der Mitte warten die Räuber auf ihn und rechts schlagen die Räuber diesen Menschen und nehmen seine Kleidung mit. Im oberen Blatt liegt der verwundete Mensch auf dem Boden und nah bei ihm stehen die hartherzigen Personen: der Priester und der Levit. Am Ende des Vierpasses schließlich ist man am Ende der Geschichte angelangt, als ein gewisser Samariter diesen Mann zu einem Gasthof bringt und ihn beim Besitzer des Gasthofes lässt.

Gleich nach dem Ende dieser Geschichte beginnt – auf

den ersten Blick ist unklar, warum – die Geschichte über die ersten Menschen: die Schöpfung Adams und Evas; der Sündenfall und ihre Vertreibung aus dem Paradies; die Ermordung Abels durch Kain. Zum Schluss geht es ins obere Segment: Hier sitzt Jesus Christus auf dem Regenbogen, hält in der linken Hand eine Kugel – ein Symbol des Universums, das er schuf – und spendet mit der rechten Hand Segen für die Menschheit.

Die Geschichte aus dem Evangelium und die Geschichte der ersten Menschen aus dem Alten Testament sind sehr eng miteinander verbunden, weil schon frühchristliche Theologen wie Papst Gregor der Große im Wanderer ein Symbol für die gesündeste Menschheit – die gesündesten Nachfahren Adams – und in dem Samariter Christus sahen, der in der Welt erschien, um die Menschen von der Erbsünde zu erlösen und den Menschen den Weg zur Gottesherrschaft zu eröffnen.

Im deutschen Text des Evangeliums nach Lukas wird die Person, die Opfer von Räubern wurde, als „ein gewisser Mensch" erwähnt, während in der Inschrift auf dem Kirchenfenster diese Person als Pelegrinus (Bürgerschaftsfremder, Fremder, Freier) bezeichnet wird. Dieses Wort ist in erster Linie allegorisch zu verstehen: eine Reise von Jerusalem nach Jericho – das ist der Weg der aus dem Paradies verbannten Menschheit, die um die Welt wandert und von den Kräften der Finsternis bedroht ist.

In dieser Erläuterung personifizieren der Priester und der Levit, die dem Mann nicht halfen, das Gesetz, das die Menschheit nicht schützen kann. Der Gasthof, wohin der Samariter den verwundeten Mann brachte, symbolisiert eine Kirche, und die vier Pferde, die beim Eingang des Gasthofes angebunden sind, stehen für die vier Evangelisten.

Einzelne Elemente und Symbole der Kirchenfenster

Wenn man die mittelalterlichen Kirchenfenster liest, sollten nicht nur die Kompositionen der einzelnen Szenen berücksichtigt werden, sondern auch ähnliche Gesten, Körperhaltungen und andere Elemente, die sich in einigen Fenstern wiederholen – manchmal sind es weit voneinander entfernt stehende Bildfragmente der Geschichte. Identische oder einander sehr ähnliche Figuren machen die zusätzlichen Bindungen zwischen verschiedenen Episoden deutlich; die Farbensprache, die Kleidung und die Attribute der dargestellten Personen geben ganz klar vor, wie diese verstanden werden sollten. Beispielsweise wurde auf dem Kirchenfenster in der Kathedrale Notre Dame in Chartres der Gasthof, wohin der Samariter den verwundeten Wanderer brachte, als ein höheres Gebäude mit einer roten Tür dargestellt. Denn der Gasthof symbolisiert eine Kirche. Auch oberhalb des Fenster mit dem Samariter wird ein rotes Tor gezeigt: Durch dieses werden Adam und Eva von einem Cherub aus dem Paradies vertrieben (Abbildung 41). Dort wird Adams Erbsünde durch Christus erlöst und der Weg für die Rettung der Menschheit wieder freigemacht.

Sehr wichtig sind Form und Anordnung der Gegenstände. LWL-Museum für Kunst und Kultur in Münster wurden Glasfenster (Mitte 14. Jahrhundert) von vier Stiftern aus Arnstein-Lahn ausgestellt. Als Fragmente des Thrones Salomos zeigen sie alttestamentliche Szenen – die Vorbilder der Passion Christi.

Ein Fragment des Glasfensters stellt Elias Himmelfahrt dar (Abbildung 42). Elias Streitwagen ist von Flammen umzingelt, ohne dass diese auf ihn übergreifen. Mit hölzernen Rädern und dem Joch an der Deichsel, das zur Steuerung durch die Füße des Fahrers dient, entspricht der Wagen der Technik des 14. Jahrhunderts. Elia ist kahlköpfig. Sein langer, weißer Mantel – das Amtsgewand, das Zeichen seiner prophetischen Gabe – fällt seinem Nachfolger Elisa zu. Elisas Berufung zum Propheten wurde durch das schuldhafte Verhalten des Propheten Elia aufgezeigt. Elisa hatte sofort verstanden, was Elia

Abbildung 41: Szene der Vertreibung aus dem Paradies auf dem Kirchenfenster über dem gewissen Samariter, um 1205/1215. Kathedrale Notre Dame in Chartres.

Abbildung 42: Elias Himmelfahrt. Fragment des Thrones Salomos. Glasfenster, 1360-1370. LWL-Museum für Kunst und Kultur, Münster/Westfalen.

 ihm mit dem Mantel sagen wollte. Die lateinische In-schrift zitiert Elisas Ausruf (2 Kön 2,12): „Mein Vater, mein Vater, du Wagen Israels und seine Reiter!"

Die Christen ab dem ersten Jahrhunderts drückten ihren Glauben durch das Kreuz aus – ein sehr starkes und sehr altes Symbol. Auch das Bild des Fisches, des Weinstocks oder des Brotes waren auf Christus bezogene Symbole.

In der Glasmalerei musste für eine weitgehend ungebildete Bevölkerung natürlich jede Darstellung eindeutig und genau sein. In der Gestik deutete zum Beispiel die Anordnung der Finger Segnung oder Verdammung an. Auch die Farben, geometrischen Muster, Zahlen, Buchstaben, Blumen und Bäume spielten in der kirchlichen Glasmalerei eine wichtige Rolle. So symbolisiert das Kreuz Opfer, Leiden, Reue, Solidarität und Ausgrenzung, das Quadrat irdische Ordnung. Die griechischen Buchstaben Alpha und Omega bedeuten Anfang und Ende, denn es handelt sich dabei um den ersten und den letzten Buchstaben des altgriechischen Alphabets. Blau ist ein Symbol himmlischer Dinge, Rot symbolisiert das Blut der Märtyrer und Weiß die Reinheit. Es kann als sicher gelten, dass die Darstellung von Figuren und Tieren wie Vögeln und Fischen sowie anderen Objekten auf den Glasfenstern nicht einfach nur einer Laune oder der Exzentrik des Künstlers geschuldet war. Häufig wurden diese in ihrer symbolischen Bedeutung entsprechend bestimmter Konventionen dargestellt.

Die unbefangenen Interpretationen bekannter Objekte und die bildlich dargestellten Randbemerkungen zeigen aber auch, dass der Künstler nicht in einem festgefügten System gefangen war, das ihm keine eigene Ausdrucksmöglichkeit erlaubte. Natürlich konnte er auf ein verständliches Symbolschema zurückgreifen, doch innerhalb dessen konnte er sich verhältnismäßig frei bewegen. Ein solches Symbol ist die Figur des geschlachteten Lammes, das in der biblischen Tradition als eine Darstellung des himmlischen Christus zu verstehen ist.

Im Alten Testament – die Zeit vor der Ankunft Christi – ist diese Figur verschiedentlich zu sehen. An dem vollkommenen Lamm (Abbildung 43), das Gott als Opfer vorgesehen hatte, war keine Sünde: das Lamm Gottes, Agnus Dei, das „sich selbst ohne Flecken Gott geopfert hat" (Hebr 9,14), um die Menschen von der Sünde zu

Abbildung 43: Das Lamm symbolisiert das Opfer – Jesus Christus –, das sich selbst ohne Flecken Gott geopfert hat. Kathedrale Notre Dame in Rouen, Kapelle Saint Sacrement.

Abbildung 44: Stifterbild mit Johannes dem Täufer und Maria mit Jesuskind. D. Meynaert und H. Scrivers, 1562. Saint-Johannis-Kirche in Gouda, Holland.

reinigen. Wie das Israel des Alten Testaments durch das vergossene Blut des Passahlammes von der Sklaverei in Ägypten freigekauft wurde (2 Mose 12), so wurden die Menschen erlöst „mit dem kostbaren Blut Christi, als eines Lammes ohne Fehl und ohne Flecken“ (1 Petr 1,19). Die Bibel stellt klipp und klar fest, dass der Herr, Jesus Christus, sündlos war: „welcher keine Sünde tat“ (1 Petr 2,22); „der Sünde nicht kannte“ (2 Kor 5,21); „Sünde ist nicht in ihm“ (1 Joh 3,5).

Die Erscheinung des Messias war siebenhundert Jahre vor seinem Kommen durch den Propheten Jesaja vorhergesagt worden. Der Messias war sich vollkommen bewusst darüber, dass er in den besten Jahren seines Lebens aus dem Lande der Lebendigen herausgenommen würde. Sein Kommen wurde mit einem stummen Lamm verglichen (Jes 53,7-8). Lange vorher, zur Zeit Abrahams, hatte Gott ein bestimmtes Lamm für das Brandopfer ausersehen, gerade zur rechten Zeit (1 Mose 22). Jetzt war Jesus Christus das Lamm Gottes, das zum Opferplatz geführt wurde.

Im 3. Buch Mose (17,11) ist zu lesen: „Denn das Leben

des Fleisches ist im Blut, und ich habe es euch auf den Altar gegeben, um Sühnung zu erwirken für eure Seelen. Denn das Blut ist es, das Sühnung erwirkt für die Seele.“ Diese Aussage ist eine der wichtigsten im Alten Testament. Sie enthält vier herausragende Worte: Leben, Blut, Altar, Sühnung. Blut im gesunden Körper bedeutet Leben. Vergossenes Blut bedeutet Tod. Der Altar ist der Ort des Opfers. Das Blutvergießen ist es, das Sühnung für die Seele vollzieht. Sühnung bedeutet „bedecken“. Das ist das grundlegende Ziel im alttestamentlichen Opfersystem. Nichts anderes als Blut erwirkt Sühnung für das Leben. Blut im Körper bedeutet pulsierendes Leben, doch auf dem Altar ausgegossenes Blut bedeutet stellvertretend den Tod. Das Lamm Gottes liegt nicht länger tot auf dem Altar. Ein für alle Mal getötet steht Christus nun im Triumph der Auferstehung.

Im Glasfenster wurde das Blut von Gottes Lamm in einem Kelch gesammelt, den der Priester bei der Messe benutzte. Das Blut des geschlachteten Lammes verweist auf den Wein des letzten Abendmahls als bleibendes Zeichen der Gegenwart Christi.

Die Figur des Lammes kann man auch auf den Kirchenfenstern zusammen mit Johannes dem Täufer sehen (Abbildung 44). Dieser hat in Jesus das Lamm Gottes erkannt, das sich für die Menschen hingibt. Das Lamm galt schließlich als das am weitest verbreitete Symbol für Christus.

Rosenfenster als Visitenkarte der gotischen Kirchen

Als eine Rosette oder ein Rosenfenster wird ein kreisrundes verglastes Kirchenfenster mit Maßwerkfüllung bezeichnet, wobei das Licht durch die mit Steinwerk gesetzte radiale oder konzentrische Anordnung kommt. Als Bezeichnung für das rundförmige Fensters ist „Rose“ gegen Ende des 14. Jahrhunderts in schriftlichen Quellen nachweisbar und stellt vor allem eine Visitenkarte der gotischen Kirchen dar.

Im Münster in Straßburg prangt über dem Mittelportal das großartige Rosenfenster, das vermutlich von Erwin von Steinbach, dem zwischen 1284 und 1318 verantwortlichen Baumeister, geschaffen wurde. Von außen kann man in dem Rosenfenster die komplexe filigrane Steinweberei – Steinmaßwerke – sehen; im Inneren, im Halbdunkel des Münsters sind die Rippen der Elemente des Maßwerkes nicht so gut sichtbar, aber die Buntgläser, die

Abbildung 45: Große Rosette im Westwerk der Kathedrale Notre Dame in Chartres (1215). Chartres, Frankreich.

in die Abschnitte aus 16 konzentrischen Blütenblättern des riesigen Rades eingebaut sind, leuchten.

Das Lesen der abgebildeten Geschichten auf einem Rosenfenster stellt sich oftmals als recht schwierig heraus. Obwohl es hierfür einige Beispiele gibt, nimmt die Form eines solchen Glasfensters selbst keine konsistente Geschichte an, sondern viel eher verbirgt sich dahinter ein konzeptuelles Schema: Es finden sich majestätische himmlische Hierarchien mit einer Schar von Engeln, die sich am Thron des Schöpfers aufstellen. Oder es geht um historisch-theologische Strukturen, wenn um Christus herum die Propheten aus dem Alten Testament erscheinen, die die Ankunft des Messias angekündigt hatten. Um zu bestimmen, was in einem Rosenfenster dargestellt ist, ist es wichtig, zuerst zu verstehen, wer in der Mitte der Rosette platziert ist. Als Beispiel werden im Folgenden die Szenen, die auf der großzügigen West-Rosette in der Kathedrale Notre Dame in Chartres dargestellt sind, gelesen (Abbildung 45).

Diese große und imposante West-Rosette mit einem Durchmesser von 13,5 Meter aus dem frühen 13. Jahrhundert über dem „königlichen“ Eingangsportal und im turmgekrönten Westwerk ist von besonderer Bedeutung. Das Motiv der Rose ist das beliebte Thema „Jüngstes Gericht“ (Abbildung 46).

Im Zentrum dieser stark aufgelösten Rose thront der Menschensohn als Weltenrichter, der am Tag des Gerichts erscheint und die Arme ausbreitet, um seine Wundmale zu zeigen. Die tropfenartig erweiterten Kreise im Kreis um ihn zeigen vor allem Engel und Apostel, und so enthalten auch die inneren kleinen Kreise – die Tropfenerweiterungen nach innen hin – Engeldarstellungen; ausgenommen sind der oberste und der unterste Kreis, die den Adler und den Engel als Symbole der Evangelisten Johannes und Matthäus aufzeigen, sowie der linke und der rechte Kreis – im Kreuz der Kardinalpunkte – mit dem Löwen und dem Stier als Symbole der Evangelisten Markus und Lukas. Von den größeren zeigt der oberste (innere) Kreis im Scheitel der wie eine Uhr angeordneten Kreise den Erzvater Abraham, in dessen Schoß die Seligen ruhen; zu seinen Seiten die Seraphim, die an ihren sechs Flügeln erkennbar sind. Und die folgenden Kreise – die drei zur linken und die drei zur rechten des Menschensohnes – enthalten paarweise die zwölf Apostel. In den unteren Feldern findet sich die Scheidung der Verdammten von den Seligen durch den Erzengel Michael. Ganz unten links nimmt ein Engel Selige in Empfang, ganz unten rechts führt ein Teufel Verdammte ab.

Der äußere Kreis zeigt an den Seiten links und rechts nach unten hin die Toten, die aus den Gräbern steigen, die beiden untersten Kreise präsentieren Höllenszenen (der linke dieser beiden einen nach oben gerichteten Höllenschlund), die beiden obersten (oberhalb der Seraphim und des Abrahamschoßes) stellen als himmlischen Gegenpol dazu Engel dar, die das Kreuz (links) und die Lanze (rechts) der Passion Christi in den Händen halten. Die beiden Nachbarfelder in dieser Vierergruppe enthalten ebenfalls Engel, die in die „Posaune des Jüngsten Gerichts" stoßen, durch deren Klang die Toten erweckt und verwandelt werden.

Die Fenster unter der Rose an der Westseite der Kathedrale befinden sich an der Turmseite, im Rücken der kultischen Ost-Ausrichtung der christlichen Kirchen, die eben gerade den zartesten Übergang vom romanischen Rundbogen – von außen, in der Fassade – zum gotischen

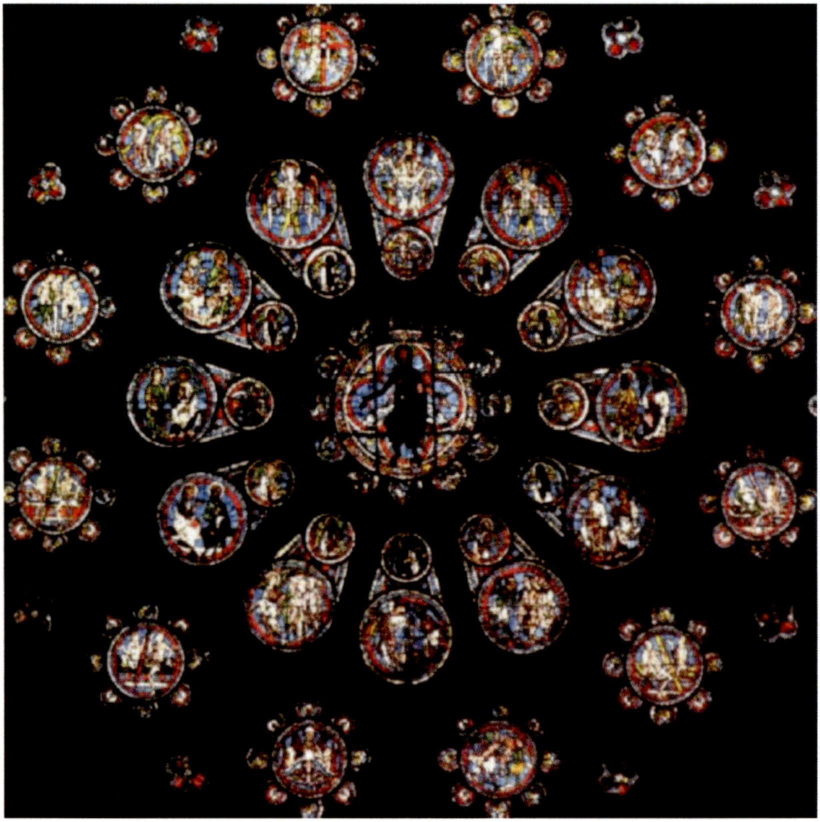

Abbildung 46: Jüngstes Gericht. Große Rosette im Westwerk der Kathedrale Notre Dame in Chartres (1215).

Lanzettbogen – von innen her gesehen – aufweisen; so auch das noch-romanische, fast-gotische „Königsportal" mit seinen drei Bögen unterhalb dieser Fenster.

Die Bilder dieser drei Westfenster folgen einem umfassenden Programm und sind immer von unten nach oben zu „lesen“ – hier auch von rechts nach links: Das Fenster rechts lässt den davidisch-salomonischen Stammbaum Jesu wie eine Folge von Blüten aus Blüten aufsprießen; das mittlere Fenster geht auf die Einzelheiten der Menschwerdung – Weihnachten und Taufe – des Gottessohnes ein; das linke Fenster zeigt die Passion und Auferstehung Christi mit den verschiedenen österlichen Erscheinungs-Erlebnissen der Jünger.

Kirchenfenster und ihre Stifter

Die Kirchenfenster präsentieren nicht nur biblische Geschichten, sondern weisen auch mit Informationen oder Zeichen auf die Person hin, die für diese bezahlte. Im unteren Teil der Kirchenfenster sind oft Figuren zu sehen, die mit der Bibel oder dem Leben der Heiligen nichts zu tun haben. Es handelt sich dabei um die jeweiligen Kirchenstifter – Könige, Fürsten, Bischöfe oder Kanoniker, die verewigt wurden, weil sie der Kirche ein Glasfenster schenkten.

Stifter kann auch eine Gemeinde oder eine Stadt sein. So befinden sich in der Sankt-Johannes-Kirche in der Stadt Gouda in Holland Glasfenster, die der Kirche von den Städten Haarlem, Delft, Leiden und Amsterdam geschenkt wurden. Das Glasfenster von der Stadt Haarlem wurde zur Erinnerung an ihre Teilnahme an einem Kreuzzug im Jahr 1219 angefertigt (Abbildung 47). Schon im Mittelalter war die Herstellung der prachtvollen Kirchenfenster eine kostspielige Angelegenheit, die mitunter die finanziellen Möglichkeiten des Stifts und der Stiftsherren überstieg.

Stifter, meist Adelige oder reiche Bürger, übernahmen deshalb häufig die Aufgabe, den Einbau von Kirchenfenstern zu ermöglichen. Oft ließen sich die Stifter mit ihrem Namen auf den Kirchenfenstern verewigen. Natürlich wurden dann auch die Familienwappen darauf abgebildet. Die Darstellung der Stifter in den Kirchenfenstern erlaubt auch Rückschlüsse auf ihre gesellschaftliche Stellung. Außerdem wurden einige Kirchenfenster durch Gedenktafeln mit einem Dankesspruch sowie dem Jahr der Erbauung und dem Bauherrn dargestellt. Die Anfertigung der Kirchenfenster wurde auch durch Spenden finanziert. Allerdings sind die Spender nicht auf dem Glasfenster verewigt.

Viele Kirchen präsentieren reich mit Glasfenstern ausgestattete Familienkapellen. Man ließ sich selbst – manchmal zusammen mit dem Ehepartner und den Kindern – zu den Füßen von Christus, der Mutter Jesu Maria oder jemandem der himmlischen Patronen darstellen; damit baten die Stifter um den Schutz der Heiligen. Mit

Abbildung 47: Kirchenfenster „Die Eroberung von Damiette“. Sankt-Johannes-Kirche in Gouda. Glasmaler Willem Thybaut, 1596. Stifter: Stadt Haarlem.

diesen Motiven zeigten die Stifter gleichzeitig ihre Demut angesichts höherer Mächte sowie ihre weltliche Macht und ihren Reichtum. Anfang des 14. Jahrhunderts beklagte der einflussreiche thüringische Theologe und Philosoph Meister Eckhart (1260-1328), dass reiche Personen, die Kirchenfenster und Altäre bestellten, diese mit ihrem eigenen Wappen schmückten und ihren eigenen Namen daruntersetzen ließen. Es sieht ganz danach aus, als sei für sie eine Belohnung vonseiten Gottes nicht genug gewesen, sondern dass sie stattdessen ihre Ruhmessucht weiter ausdehnen wollten.

Die großartigen Glasfenster der Kathedrale St. Michel in Brüssel sind in satten, sehr schönen Farben mit vielen Details gearbeitet. Ein Glasfenster im nördlichen Querhaus, das im Jahr 1537 von Jean Haeck nach Zeichnungen von Bernard – auch Barend genannt – van Orley angefertigt wurde, zeigt den Kaiser des Heiligen Römischen Reiches Karl V. und dessen Frau Isabella von Portugal in Anbetung des heiligen Sakraments. Hinter dem Kaiser steht Karl der Große als Namenspatron und hinter Isabella die gekrönte heilige Elisabeth von Thüringen (Abbildung 48). Hier findet sich ein Kristallisationspunkt der Elisabeth-Verehrung im Reformationszeitalter: Nur zwei Jahre später ließ Karls Gegenspieler, Landgraf Philipp von Hessen, die Gebeine Elisabeths aus der Marburger Grabeskirche entfernen, um der Heiligenverehrung ein Ende zu setzen. Elisabeth von Thüringen stand somit im Zentrum der Auseinandersetzung zwischen Altgläubigen und Reformatoren. Beide Seiten nahmen sie für ihre Interessen in Anspruch.

Im Verlauf des 15. und 16. Jahrhunderts traten schließlich vermehrt Wappen und Stifterbilder in den Vordergrund, während die sakralen Bildthemen vielfach auf die Einbeziehung der Patrone der Auftraggeber reduziert wurden. Unter denen, die ein Glasfenster schenken konnten, waren nicht nur weltliche Herrscher oder Kirchenfürsten, sondern auch reiche Zünfte der Handwerker (Abbildung 49).

Im Freiburger Münster, eine Bürgerkirche, waren die Freiburger und die Zünfte die Hauptstifter der Glasfenster. Jede renommierte Zunft bezahlte ein Fenster, dabei geht es zumeist um die Fenster, die sich an der Nordseite des Freiburger Münsters befinden. Berühmt sind vor alle die zahlreichen von den Handwerkszünften

Abbildung 48: Karl V. und Isabella von Portugal mit ihrem Schutzpatron. Bernard van Orley, 1537. Kathedrale St. Michel in Brüssel, Belgien.

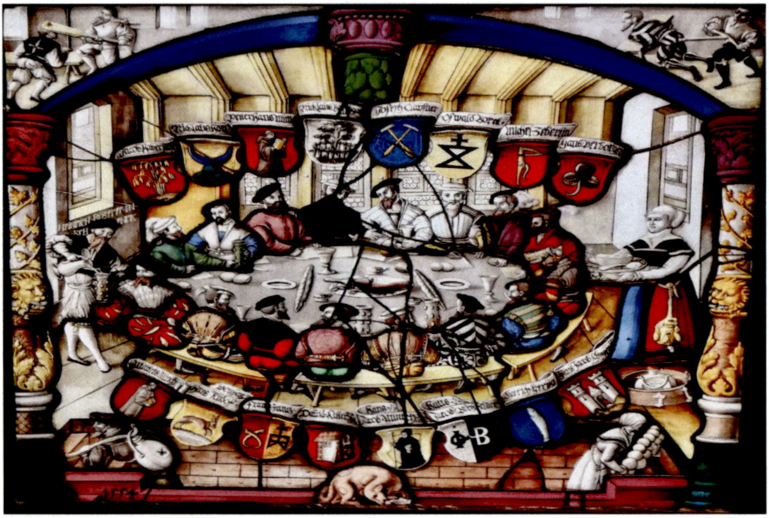

Abbildungen 49: Glasgemälde mit dem Festmahl der Vorgesetzten der Schneidernzunft. Basel, 1554. Historisches Museum in Basel. Basel, Schweiz.

Abbildung 50: Schmiedefenster im Freiburger Münster, 1320. Freiburg, Deutschland.

um 1330 gestifteten Fenster, die an ihren charakteristischen Symbolen zu erkennen sind. Durch ein aus dem Kirchenfenster anbrachten Zunftwappen ihres Handwerks, das als eine Art „Logo“ gesehen werden kann. Zum Beispiel baute die Zunft der Bäcker in ihr Fenster eine Brezel ein, die Zunft der Schmiede einen Hammer und eine Zange und die Zunft der Schneider eine Schere. Die Künstler, die aufgrund eines Auftrages die Kirchenfenster entwarfen, waren sehr kreativ.

Im Freiburger Münster findet sich hoch oben in der Nordwand der Kirche ein besonderes Schmiedefenster aus dem Jahre 1320, das nach der Zunft der Schmiede benannt ist und in einem Detail den heiligen Eligius, den Schutzheiligen der Schmiede zeigt (Abbildung 50).

Der Legende nach befahl ihm der König von Frankreich, seine Pferde mit silbernen Hufeisen zu beschlagen. Da schnitt Eligius einem besonders hartnäckigen Pferd den rechten Vorderfuß ab. Er beschlug ihn, machte das Kreuzzeichen darüber und heilte das Pferd, indem er ihm den Huf wieder ansetzte. Der Diener, der auf dem Bild neben ihm steht, versuchte dasselbe mit dem anderen Vorderfuß. Weil der Diener es nicht schaffte, den anderen Fuß zu beschlagen, musste Eligius das verletzte Pferd wieder heilen und dem Diener klarmachen, dass nicht jedermann ein Wunder vollbringen könne.

Neben den Zünften als Hauptstifter finanzierten Schwarzwälder Bergleute, die Universität, das habsburgische Kaiserhaus und wohlhabende Freiburger Familien die prachtvollen und kostspieligen Verglasungen. Mit diesen frommen Stiftungen wollten diese nicht nur das Münster verschönern, sondern sie hofften auch, das eigene Seelenheil und das ihrer Angehörigen zu retten.

Renaissance der Glaskunst

Untergang der Glaskunst

Die Blütezeit monumentaler sakraler Glasmalerei im europäischen Raum endete jedoch nach dem Mittelalter und der Renaissance. Anfang des 17. Jahrhunderts wurde die Glaskunst von den religiösen Kriegen in Europa lahmgelegt. Für den Niedergang der Glasmalerei war direkt oder indirekt auch die Gegenreformation verantwortlich.

In England wurden die meisten Glasfenster während des Bürgerkriegs und zur Zeit Cromwells Commonwealth in der Mitte des 17. Jahrhunderts zerstört. Commonwealth of England – so laufete die offizielle Bezeichnung der englischen Republik von 1649 bis 1660. Viele Kirchen wurden von den Soldaten Cromwells geplündert, dabei gingen die kostbaren Glasfenster zu Bruch.

In Deutschland und Frankreich wurden viele Glas-

Abbildung 51: Buntglasfenster der niederländischen Jungfrau, 1877. Stifter: Niederländische Gesellschaft für Industrie und Handel zu ihrem 100-jährigen Jubiläum. St.-Bavokirche in Haarlem. Haarlem, Holland.

malerei-Werkstätten zerstört, in Deutschland etwa während des Dreißigjährigen Krieges (1618-1648). Ihr Verlust war für die meisten europäischen Länder katastrophal.

Während dieser Zeit wurde kein Farbglas mehr produziert. Der große Mangel an Farbglas führte zu zwei verschiedenen Entwicklungen: erstens zur Verwendung von Blankglas in Kirchenfenstern und zweitens zur Bemalung von Blankglas mit den damals neuen Schmelzfarben.

Ab der Epoche des Barocks bis zum Klassizismus verlor die Glasmalerei ihre Bedeutung und die Gestaltung von Glasfenstern fällt in eine Art Dornröschenschlaf. Die Nachfrage nach Wappenscheiben blieb davon unberührt und auch der Markt für fromme und profane Darstellungen im Kabinettscheibenformat, beispielsweise Monatsbilder, religiöse, mythologische und allegorische Themen, hatte Bestand. So finden sich bis weit ins 17. und 18. Jahrhundert hinein, freilich mit zunehmend sinkendem Anspruch, Zeugnisse dieser Art.

Bis in die Mitte des 19. Jahrhunderts wurden in Europa keine bedeutenden Kirchenfenster mehr hergestellt.

Die Ursache lag vor allem in den zerstörerischen Folgen der protestantischen Reformation und dem harten Widerstand der katholischen Kirche. Eine wichtige Rolle spielten hier auch politische Motive. Während dieses Zeitraums gingen die Geheimnisse der Glaskunst verloren.

Ein weiterer Tiefschlag kam durch die Zerstörung der Hauptglashütten in Deutschland während des Dreißigjährigen Krieges, wie bereits erwähnt. Dadurch konnte Buntglas nicht mehr als Kunstmittel eingesetzt werden. Eine große Menge an mittelalterlichem Glas wurde während der Französischen Revolution aus Protest gegen den einige Jahrhunderte andauernden Bund zwischen der katholischen Kirche und dem Königshof zerstört. Ein großer Verlust war die Teilzerstörung der Unikat-Kirchenfenster von Abt Suger in Saint-Denis.

Die Verwendung undurchsichtiger Emailpigmente hatte starken Einfluss auf die Lichtdurchlässigkeit und die Farbigkeit von Buntglas. Die Herstellungstechnik von Glas, das auf der Insel Murano seit dem Mittelalter produziert wurde, blieb bis heute nahezu unverändert. In Venedig wurde im 16. Jahrhundert Milchglas mit einer

Zugabe von Zinnoxid in die Schmelzmasse hergestellt. Schon im 17. Jahrhundert wurde für die Herstellung von undurchsichtigem weißem Glases Knochenmehl verwendet. Die Rezeptur hierfür wurde von dem deutschen Alchimisten Johannes Kunckel (1630–1703) erfunden. Er war auch der Erfinder der „Goldrubine“ – eine besondere Sorte von undurchsichtigem Glas.

Die Glaskunst in Europa erlebte eine Wiedergeburt während der kulturgeschichtlichen Epoche der Romantik ab dem Ende des 18. Jahrhunderts. Während des 18. Jahrhunderts kein Interesse an der Glasmalerei gezeigt hatte, sah das im 19. Jahrhundert wieder anders aus. Die alten Traditionen der Glasherstellung wurden teilweise beibehalten, man schwärmte für das Mittelalter und begann damit, die alte Kunst wiederzubeleben. So wurden im 19. Jahrhundert viele neue Glasfenster für Kirchen und Festsäle geschaffen. Sie wurden nicht nach der klassischen „Mosaik-Technologie“, sondern malerisch, als Gemälde, auf einem Glasstück angefertigt. Mit den Buntgläsern wurden die Hausfenster sowie die Fenster der Kutschen geschmückt. In diese Zeit gehört die Technologie der Reproduktion der bedeutendsten Weltkunstwerke auf Glas.

„Renaissance“ der Buntgläser im 19. Jahrhundert

Die katholische Kirche wurde durch die Französische Revolution und die darauffolgende „Schreckensherrschaft der Jakobiner“ in Schach gehalten. In der Nacht zum 4. August 1789 verzichtete die Geistlichkeit auf den „Kirchenzehnten“ und mit Dekret vom 2. November 1789 sollten alle kirchlichen Güter der Nation unterstellt werden. Es folgte 1793 und 1794 eine Phase der „Entchristianisierung“. Christliche Symbole wurden entfernt und Kirchen entweiht. Viele Kirchen und Klöster wurden während der Französischen Revolution zerstört, wie die Sint-Donaaskathedraal aus der Zeit vom 10. bis 13. Jahrhundert in der belgischen Stadt Brügge; einige dienten gar als Gefängnis oder als Lager. So gingen die meisten mittelalterlichen Glasfenster in den romanischen und gotischen Kirchen in Frankreich und Belgien unwiederbringlich verloren.

Mit der Restauration der gotischen Kathedralen im 19. Jahrhundert lebte das Interesse an der Glasmalerei wieder auf. Die Verglasung befand sich in einem desolaten Zustand, insbesondere da die Wartung der Vordächer im 18. Jahrhundert nahezu völlig ignoriert worden war. Mitte des 19. Jahrhunderts wurden dann neue Glasfenster hergestellt und in den Kirchen eingebaut. Dieses Unterfangen war der Suche nach der verlorenen Technologie der Glasherstellung gewidmet. Hinzu kamen Einflüsse der jüngsten und fortschrittlichen Kunstrichtungen der Renaissance.

Als im 19. Jahrhundert die Glasmalerei wiederauflebte, beschränkte sie sich nicht nur auf religiöse Themen. Es standen jede Menge nicht religiöse Motive zur Verfügung, wie etwa Landschaften, Vögel oder Blumen. Eine neue Strömung hatte eingesetzt, die als Neugotik bezeichnet wird und in deren Stil sowohl Sakral- wie auch Profanbauten errichtet wurden. Architekten statteten Neubauten mit farbigen Fenstern und Oberlichtern aus. Oft ist diese Kunst in Restaurants als Bestandteil des Dekors anzutreffen, das eine angenehme Atmosphäre schafft. Glasmalereien waren dabei ein beliebtes Gestaltungselement. Deswegen ist es nicht überraschend, dass sich gerade dort die Kirchenfenster des 19. Jahrhunderts in einer außergewöhnlich hohen Zahl erhalten haben.

Zudem sind die meisten Glasfenster aus dieser Zeit von sehr guter Qualität. Sie wurden zwar lange verachtet und sogar oft auch entfernt. Aber in den letzten Jahren hat man die Bedeutung dieser Kirchenfenster sowohl für die Kulturgeschichte als auch für die Kirchengeschichte neu bewertet. Mitte des 19. Jahrhunderts waren Deutschland und Frankreich äußerst erfolgreich in der Glasfensterherstellung. Die Anzahl der Werkstätten in ganz Europa stieg sehr stark an.

Mit Aufkommen des Interesses für die mittelalterliche Kultur begannen gleichzeitig die Versuche der Restaurierung des originalen mittelalterlichen Glases. Nach Jahren des Vergessens wurden die gotischen Medaillons der Kathedrale von Canterbury restauriert. Eugène Emmanuel Viollet-le-Duc (1814-1879), ein französischer Architekt, Denkmalpfleger, Kunsthistoriker und Leiter des Vereines „Historische Denkmäler“ schrieb ein Traktat über mittelalterliche Kunst mit einer detaillierten Beschreibung der Kirchenglasherstellung.

Abbildung 52: Engel der Hilfe. John La Farge, 1886. Einheitskirche, North Easton, Massachusetts, USA. Wikimedia Commons.

Abbildung 53: Pfauen-Fenster. John La Farge, 1892-1908. Worcester Art Museum in Massachusetts, USA. Wikimedia Commons.

Großen Einfluss auf die Entwicklung der Glaskunst hatten Louis J. Millet und George Peter Alexander Healy. Louis J. Millet arbeitete mit Fresken und Glasfenstern. Er gründete die Abteilung des dekorativen Designs beim Art Institute of Chicago und zusammen mit George Peter Alexander Healy erfand er die Technologie des sogenannten „amerikanischen Glases"; hierbei wurden Effekte des Hintergrundes mithilfe kleiner Glasstückchen statt Bemalung erzielt. Ein nach dieser Technik angefertigtes Glasfenster wurde im Jahr 1889 in Paris auf der Weltausstellung vorgestellt und inspirierte andere Maler, die neue Technik auszuprobieren.

John La Farge und Louis Comfort Tiffany waren die bekanntesten und berühmtesten Personen der Glaskunst des Jugendstiles. La Farge (1835-1910) war ein vielseitiger und origineller Maler. Er wurde in New York in einer reichen französischen Familie geboren, studierte Malerei in Paris zusammen mit Thomas Couture und entwickelte einen exotischen Geschmack während seiner Reisen nach Fernost.

La Farge begann damit, Versuche mit Glas durchzuführen, nachdem er eine günstige Nachtvase im Licht gesehen hatte, die porzellanähnlich hergestellt worden war (Abbildungen 52 und 53). Einfallendes Licht bricht sich an der Glasoberfläche und erzeugt dort leuchtende Reflexe, wo es gebündelt wird. Der Maler wunderte sich über die Opaleszenz des Glases und erkannte, dass dies ein Mittel zur Erreichung notwendiger Effekte im Glasfenster ist. Von 1883 bis 1889 fertigte La Farge die Glasfenster für die Trinity Church in Boston an.

1880 erhielt La Farge ein Patent für opaleszierendes Glas und schloss einen Vertrag mit der Firma „Herter Brothers" in New York ab, um Glasfenster für große Gebäude herzustellen. Mit jedem Auftrag verbesserte La Farge seinen Stil weiter. Es war eine eklektische Vermischung verschiedener Typen und Texturen von Glas, von kleinsten Glasstückchen bis zu geschmolzenem oder gepresstem Buntglas mit den Einschlüssen von fremden Materialien, wie Schmucksteine oder zerbrochene Flaschen. La Farge erfand eine Bemalungsmethode, die kleine Buntglasstückchen mithilfe eines gelöteten Drahts miteinander verband. Diese „Glas-Cloisonné-Technik" erlaubte es, die Gesichtsteile zu modellieren, war aber sehr teuer.

Louis Tiffany und die neue Epoche der Glaskunst

Louis Comfort Tiffany (1848–1933) blieb lange Zeit der brillanteste Vertreter der Glaskunst des Jugendstils. Er war ein Sohn reicher Eltern, sein Vater Charles gründete die Schmuckfirma „Tiffany & Co“. Louis studierte Malerei in Paris, seine zahlreichen Reisen führten ihn nach Frankreich, Spanien und Nordafrika. Die Glasfenster der Kathedrale Notre-Dame in Chartres hinterließen bei ihm einen starken Eindruck.

1870 war Tiffany durch sein Lüster-Dekor zu Berühmtheit gelangt, Gläser aus den Gräbern der Pharaonen in Ägypten hatten ihn zu diesem Lüster-Dekor inspiriert. Da Tiffany Glas als Designer und als Businessmann bewertete, beabsichtigte er die Gründung einer Buntglasindustrie, die Kunst- und Luxusglas vom vom künstlerischen Unikat bis hin zum Massenprodukt herstellen sollte.

Besonders erfolgreich war Tiffany mit der Glasherstellung sowie seinen Schmuckkreationen. Sein neues irisierendes „Tiffany Favrile Glass“, das eine sehr breite Tonpalette aufwies und Wasser, Himmel, Steine usw. imitieren konnte, wurde 1894 patentiert. Außerdem erfand Tiffany eine neue Technologie für das Verbinden von Glasstücken. Früher wurden die Stückchen des Buntglases mithilfe H-förmiger Bleistege zusammengefasst und die Kontaktstellen verlötet. Gemäß dem neuen Verfahren wurden die farbigen Glasstücke, aus denen ein Glasfenster bestand, zuvor in eine dünne Kupferfolie eingefasst. Die Folienbreite war etwas größer als die Dicke von Glas. Ihre Kante wurde auf die Glasfläche gebogen und dann wurden sie miteinander verlötet. Das ergibt eine feinere Lötnaht und ein stabileres Endprodukt als mit Bleistegen. Außerdem war die Kupferfolie viel flexibler.

Dieses Verfahren erlaubte es, Glasfenster aus kleinsten Glasstückchen anzufertigen. Außerdem kann man mithilfe dieses Verfahrens sowohl flächige als auch voluminöse Buntgläser herstellen. Diese Verbindungstechnik, die auch Tiffany-Glaskunst-Technik genannt wird, machte Louis Tiffany und seine Glaskreationen weltberühmt. Sie wurde mit großem Erfolg bei der Herstellung von Lampen verwendet.

Im Zuge des wirtschaftlichen Aufschwunges stieg das Interesse an Luxus. Die Firma „Tiffany Glass and Decorating Company“ in New York, die 1879 von Louis mitgegründet wurde, richtete unter anderem die Häuser von Vanderbilt, Taylor, Carnegie sowie Mark Twain ein und renovierte auch einige Räume des Weißen Hauses.

Tiffany schenkte der Entwicklung neuer Glasarten große Beachtung. Er machte die Technologie der Herstellung von schillerndem Glas wieder zugänglich. Bei diesem Verfahren wird das Metallpulver auf die Glasoberfläche in einer dichten Schicht aufgetragen und danach getempert. 1880 baute Louis in Long Island eine Glashütte auf, wo Experimente mit Kupfer- und Kobaltoxiden sowie mit Gold und Silber durchgeführt wurden. Obwohl man in England, Frankreich, Österreich und Böhmen ähnliche Gläser herstellte, wurde es als „Amerikanisches Glas“ bekannt, da Tiffany der Erste war, der die Glasindustrie von der Handarbeit zur mechanisierten Massenproduktion geführt hatte.

Um 1890 gab es in New York mehr als 60 Designfirmen, die mit Glas arbeiteten, aber dennoch sah Tiffany nur in La Farge einen realistischen Mitbewerber. Beide entwickelten eigene Technologien der Glasherstellung und jeder erreichte Spitzenqualität auf diesem Gebiet. Unabhängig voneinander verwendeten sie in den Glasfenstern die Technologie des mehrschichtigen Glases – es sind bis zu drei Schichten bekannt, um die benötigte Glasfarbe zu bekommen. Tiffany hatte ein Monopol auf dem Glasmarkt und lud die besten Glasmacher und Chemiker aus England und Italien ein, um Experimente mit Glasfarben durchzuführen.

Die Glasfenster Louis Tiffanys zeigen sowohl Wissenschaft durch die Hingabe an die Arbeit, Wahrheit und Forschung als auch Religion (Abbildung 54). Beide sind verbunden durch die zentrale Personifizierung von „Licht – Liebe – Leben".

Im Jahr 1903 stellte Tiffany das Glasfenster „Kampf von David und Goliath" für die Kirche St. Cuthbert in Edinburgh her. Abbildung 55 zeigt den jugendlichen David mit entschlossenem Gesicht, der lediglich einen Wassersack und eine Schleuder aus Lederriemen bei sich hat.

Abbildung 54: Glasfenster in Linsley-Chittenden Hall an der Yale University. Louis Tiffany, Tiffany-Studio, 1890. Wikimedia Commons.

Abbildung 55: Kampf von David und Goliath. Louis Tiffany, 1903. Kirche St. Cuthbert. Edinburgh, Schottland.

Das Glasfenster im Altarraum der St. Michael's Episkopal Kirche in Charleston (South Carolina, USA) wurde mit einer Nachbildung des um 1518 entstandenen Gemäldes „Sankt Michael im Kampf mit dem Teufel" von Raffael Santi hergestellt. Diese Kirche kann als eines der schönsten Bauwerke auf amerikanischem Territorium bezeichnet werden. 1893 wurde die Kapelle Tiffany an World's Columbian Exposition in Chicago vorgestellt. Sie hatte zwölf Glasfenster und Gegenstände des Interieurs waren aus Buntgläsern.

1895 besuchte der Hauptmäzen des Jugendstiles und Besitzer der Galerie „L'Art Nouveau" Siegfried Bing die Werkstätten von Tiffany und organisierte Ausstellungen der Tiffany-Glasfenster in Paris. 1900 stellte Bing das Tiffany-Glasfenster in London vor, dort wurde es mit einer speziellen Medaille ausgezeichnet.

Eine andere Tätigkeitsrichtung von Tiffany waren Lampen. 1885 hatte Louis den Erfinder der elektrischen Glühbirne Thomas Edison kennengelernt. Zusammen mit ihm arbeitete Louis Tiffany an dem Interieur des Theaters „Lyzeum" in New York. Ende des 19. Jahrhunderts waren die Menschen von der Erfindung der Elektrizität begeistert. In dieser Zeit wurden aus Glasschrott hergestellte Lampen und Kronleuchter von Tiffany sehr populär. Für die Lampen wurden die von den Fenstern übrig gebliebenen Glasabschnitte verwendet. Die bekannteste Lampe war „die Libelle" - das Design stammt von Clara Driscoll. Der Lampenkatalog hatte mehr als 300 Muster, inklusive luxuriöser Stehlampen und Kronleuchter.

Entwicklung der Kunst der Kirchenglasfenster im 20. Jahrhundert

Der Abstraktionismus des Glasfensters, geboren mit der Kunst von Frank Lincoln Wright, wurde im Bauhaus von Theo van Doesburg, der zusammen mit Piet Mondrian in Dänemark die Künstlervereinigung „De Stijl" gründete, weiterentwickelt. Im Bauhaus lebte die Begeisterung für die Alchemie wieder auf. In den 1920er- und 1930er-Jahren waren die Maler der Gruppe um Johan T. Prikker die Führenden in der Glaskunst. Nach seinem Tod im Jahre 1932 wurde seine Kunstrichtung von seinen Schülern Anton Wendling und Heinrich Campendonk übernommen.

In neuen Kirchen gibt es oft sehr schöne, moderne Kirchenfenster. Sie werden manchmal auch in alten Kirchen eingesetzt, wenn die alten Glasscheiben zerbrochen sind. In Mainz ist die Kirche St. Stephan dafür ein schönes Beispiel. Sie ist die einzige deutsche Kirche, für die

Abbildung 56: Fragment des Chagall-Fensters: Mose bringt dem Volk das Gesetz (1978-1985). Kirche St. Stephan in Mainz.

Abbildung 57: Geschichte von Adam und Eva. Glasfenster mit Szenen aus dem Alten Testament (1958-1968) von Marc Chagall. Kathedrale Saint Etienne in Metz, Frankreich.

Abbildung 58: Jakobs Traum – Ornament. Anton Wendling, 1956-1957. Mindener Dom.

Abbildung 59: Szenen aus dem Leben Jesu. Anbetung der Hl. drei Könige. Paul Weigmann, Grisaille, 1978. Bonner Münster.

der bekannte Maler Marc Chagall (1887-1985) Glasfenster mit Engeln und biblischen Gestalten schuf. Er verwendete dabei verschiedene Blautöne, die die Kirche wie eine himmlische Höhle erscheinen lassen (Abbildung 56).

Auch die Chagall-Fenster in der weltberühmten Kathedrale Saint-Étienne im französischen Metz gelten als außergewöhnlich (Abbildung 57). Die Kathedrale gilt als eine der größten und schönsten gotischen Kirchen Frankreichs. Die großen Glasfenster gaben der Kirche den Namen „La lanterne du bon dieu" – „Die Laterne des lieben Gottes".

Im Jahre 1958 lernt Chagall den Glaskunstmeister Charles Marq und dessen Frau Brigitte Simon kennen. Chagall hatte eine neue Sprache gefunden für ein altes Thema: die Botschaft der Bibel. Und die Glasfenster für die Kathedrale Saint-Étienne in Metz mit biblischen Themen waren das erste Ergebnis ihr Zusammenarbeit.

Praktisch alle Glasfenster Chagalls wurden in der Werkstatt von Jacques Simon in Reims hergestellt. Chagall selbst fertigte nicht nur die Entwürfe der Glasfenster an, er arbeitete auch in der Werkstatt mit, beobachtete und leitete alle Etappen des Projektes. Die Technologie des fragmentarisch bemalten Glases, Glasätzen, auch Spielereien mit Farben und Farbtönen durch eine doppelte Schicht der Farbe machten die Glasfenster von Marc Chagall zu Meisterwerken seiner Epoche. Die Technologie der doppelten Farbschicht ist kompliziert, insbesondere in der Produktion. Es muss sorgfältig darauf geachtet werden, dass die linearen Ausdehnungskoeffizienten beider Schichten gleich sind, da sonst eine Schicht mit einem höheren Index schnell Risse bekommt. Die Gläser wurden in den Werken von Saint-Just in Saint-Rambert in Frankreich per Hand geblasen. Marc Chagall äußerte über diese Kunst, dass „ein Glasfenster eine transparente Trennwand zwischen meinem Herzen und dem Kern des Universums ist".

Die Glasfenster für Metz, mit denen Chagall 1960 begann, zeigen Motive aus dem Alten Testament, vorzugsweise in einem wunderschönen Blau und in den Farben Gelb und Orange. Da das Gesetz im jüdischen Glauben Freude und Ehrfurcht hervorruft, ist Moses mit den Gesetzestafeln – einem immer wiederkehrenden Motiv auch in vielen Gemälden – auf dem Glasfenster von Chagall zu sehen.

Dem Betrachter begegnen die Propheten Abraham, Jakob und Isaak, David und Saul. Erstaunlicherweise ist auch immer das Kreuz als Symbol des Leidens zu finden und Maria mit dem Kind. Chagall erzählt diese Geschichten detailgetreu und wahrheitsgemäß; und doch haben alle Bilder einen eigenen inneren Glanz, der sie unverwechselbar macht. Es sind die Farben und es sind Poesie und Mystik, die in Übereinstimmung miteinander diesen Zauber bewirken.

Dass er als Jude mit der Darstellung biblischer Themen in einer im 13. Jahrhundert errichteten Kathedrale bedacht wird, kommentiert er so: „Ich bin einfach ein Mensch, ein Maler, ein Künstler für alle: ein Künstler für den Frieden und für alle Religionen und für die Freiheit aller Menschen."

Im Laufe seines langen Lebens gestaltete Chagall zahlreiche weitere Kirchenfenster. Aber die Ehrfurcht angesichts der Aufgabe bleibt. Chagall schrieb: „Die Glasmalerei scheint so einfach: die Materie, das Licht. In einer Kathedrale oder in einer Synagoge wirkt sie auf die gleiche Weise: etwas Mystisches, das durch das Fenster dringt. Dennoch hatte ich große Angst, wie bei meinem ersten Rendezvous. Die Materie ist natürlich und alles Natürliche ist religiös. Wenn das, was ich hinzugebe, neben der Materie besteht, habe ich gewonnen, denn dahinter ist Gott."

Viele zeitgenössische Künstler beziehen sich in ihren Entwürfen für eigene Kirchenfenster auf Georg Meistermann und auf Marc Chagall (Abbildungen 58 und 59). Auch im Essener Dom lässt sich herausragende Glaskunst bewundern, zum Beispiel die von Heinrich Campendonk (1889-1957), der die Kirchenfenster im Westbau des Domes entwarf.

In den 1970er-Jahren war Dale Patrick Chihuly aufgrund der Herstellung der modernen und originellen Denkmäler aus Glas weltweit bekannt. In dieser Zeit arbeitete Chihuly mit seinem Studienkollegen James Carpenter im Bereich der Neon-Beleuchtung und der architektonischen Projekte aus Glas zusammen. Unter anderem war das die „Corning-Wand" für das Corning Museum of Glass in New York.

Die meisten zeitgenössischen Glasfenster illustrieren keine Bibelgeschichten, sondern haben eine ganz eigene

Bildsprache. Sie tragen die persönliche Handschrift ihrer Urheber und sind schlicht „Künstlerfenster".

Die Liste der zeitgenössischen Maler, die Kirchenfenster gestalten, wird Jahr für Jahr länger. 2018 kam ein Glasfenster des britischen Pop-Art-Meisters David Hockney hinzu, der ein Glasfenster für die Westminster Abbey entwarf. Anlass war der 90. Geburtstag der englischen Königin Elizabeth II.

Die wenigsten Künstler handeln aus religiösen Motiven und die wenigsten verlangen viel Geld für ihre Arbeiten. Warum nehmen sie dennoch Kirchenaufträge an, statt teure Werke für den Kunstmarkt zu produzieren? Der Grund liegt wahrscheinlich in dem Wunsch nach Unsterblichkeit. Bilder kann man aus Galerien ins Depot hängen, Glasfenster aber bleiben über Jahrhunderte – und das ist für einen Künstler etwas ganz anderes als ein transportables Bild. Der Wunsch nach unsterblicher Wirkung steckt in jedem Künstler.

Die modernen Glasfenster werden aus Glasstücken mittels Blei-, Kupfer-, Stahl- oder Plastikstegen zusammengefasst. Es wird farbloses oder Buntglas verwendet.

Auf ein farbloses Glas wird ein Muster mithilfe einer Graviertechnik oder durch Anätzen mit Flusssäure aufgetragen.

Abschließend werden noch einige Glasfenstertypen genannt, die es zurzeit gibt:

- Klassisches Glasfenster (Tiffany-Technologie): wird aus durchsichtigen Glasstücken, die sich miteinander mithilfe eines weichen Metalls oder von Plastik verbinden, angefertigt.

- Plattiertes Glasfenster: wird nach der Fusing-Technologie (sogenannte Verschmelzung-Technologie) durch Schmelzen verschiedener weißer oder farbiger Glasstücke bei 780-900 Grad Celsius, manchmal durch Ankleben der Bildelemente aus Glas, hergestellt.

- Beim bemalten Glasfenster wird auf der Glasoberfläche ein Bild mit Farbstoffen aufgetragen.

- Beim Folien-Glasfenster werden auf der Glasoberfläche ein Bleiband und mehrfarbige selbstklebende Folien aufgeklebt (englische Technologie).

- Ein kombiniertes Glasfenster wird durch das Zusammenfassen verschiedener Technologien hergestellt.

Nachwort

Es wäre wünschens- und erstrebenswert, die gesamten Nuancen der Techniken der Buntglasherstellung vorzulegen und zu analysieren. Ein solches Unterfangen würde aber den Rahmen dieses Buches überschreiten und muss gründlicheren Kennern vorbehalten bleiben. Es konnte daher nur eine kleine Auswahl herausgegriffen werden, um damit das jeweils Kennzeichnende darzustellen.

Wie in anderen Kunstarten stellen das Färben und das Bemalen von Glas ebenfalls eine wichtige Reflexion der Menschen in ihrer Geschichte und Kultur dar. Künstler verschiedener Epochen hinterließen auch auf Glas ihre Spuren.

Während die Kirchenfenster des 15. und 16. Jahrhunderts noch aus echten mundgeblasenen Buntglasscheiben hergestellt wurden und Bleieinfassungen hatten, wurden später handgemalte Glasfenster im Butzenstil mit Bleiverzierungen verwendet. Diese unterscheiden sich in Farbe und Lichtdurchlässigkeit.

Für die Beschreibung der Kirchenglasfenster wurde auf einschlägige Literatur zurückgegriffen (siehe Bibliografie). Ziel war es, eine Vorstellung darüber zu vermitteln, wie komplex die Herstellungstechnologie eines Glasfensters ist und wie gut diese Kunst von den Meistern bereits in alten Zeiten beherrscht wurde, als sie die reiche Farbpalette der Buntgläser entwickelten. Sand, Soda und Kalk – die Rohstoffe, aus denen Glas gemacht wird, sind bis heute dieselben geblieben. Es ist eine lange Geschichte der mundgeblasenen farbigen Glasscheiben durch Krieg und Zerstörung sowie Wiederaufbau und Restauration.

Die Farbe, die ein Glas bei der Schmelze erhält, hängt nicht nur von den Eigenschaften des Farbstoffes ab, sondern auch von einer ganzen Reihe anderer Faktoren: Zusammensetzung des Glases, Oxidationsstufe des Farbstoffes, Anwesenheit von Oxidations- und Reduktionsmitteln in der jeweiligen Schicht, zusätzliche Wirkung der im Glas gleichzeitig vorhandenen Farbstoffe, Temperatur und Charakter der Flamme bei der Glasschmelze,

Parameter der nachfolgenden Wärmebehandlung. Jeder einzelne Faktor oder alle insgesamt können die Glasfarbe gründledend verändern. Darin besteht die Hauptschwierigkeit bei der Herstellung von Buntglas. Aus diesem Grund sind die verschiedenen, auch modernen, Technologien der Herstellung der Glasfenster die Grundlage der Glasmalerei und liegen damals wie heute im Talent des Künstlers und des Glasmeisters.

Das 21. Jahrhundert könnte möglicherweise zur Blütezeit dieser leicht zerbrechlichen Kunst werden.

Bibliografie

Barral, X.: Heiliges Licht: Mittelalterliche Glasfenster in Europa. Köln: DuMont Buchverlag, 2003, 285 S.

Blondeau, C.: Le vitrail a Rouen 1450-1530. Rennes: Presses UNI de Rennes, 2014, 285 S.

Bretz, S., Hagnau, C., Hahn, O., Ranz, H-J. Deutsche und niederländische Hinterglasmalerei vom Mittelalter bis zur Renaissance. München: Deutscher Kunstverlag, 2016, 340 S.

Brisac C.: Le vitrail. Paris: Editions de la Martinière, 1994, S. 7.

Bruns, A.: Achelius, Johann Jacob, in: Neue Lübecker Lebensläufe. Neumünster: Wachholtz, 2009, S. 15-17.

Dowley, T.: Leuchtende Botschaft. Glasfenster erzählen die Bibel. Stuttgart: Deutsche Bibelges.; 1994, 159 S.

Drachenberg, E., Müller, W.: Mittelalterliche Glasmalerei. In: Baudenkmalpflege: Beiträge zur Methodik und Technologie. Berlin: Verlag für Bauwesen, 1990, S. 98-111.

Ebell, P.: Der Kupferrubin und die verwandten Gattungen von Glas. 1874, Bd. 213, Nr. XXXIX, S. 131-145.

Finlay, V.: Das Geheimnis der Farben. Berlin: List Taschenbuch Verlag, 2004, 464 S.

Fitz E.: Die Blütezeit der Glasfenster in Europa. München: RGA, 1991. 64 S.

Haevernick, T. E.: Beiträge zur Geschichte des antiken Glases. III. Mukenisches Glas. Jahrbuch des Römisch-Germanischen Museums Mainz. Mainz, Bd. 8, 1961.

Herold, M.: Les vitraux de Bretagne. Rennes: PU RENNES, 2005, 367 S.

Kaufmann, V.: Eine spätmittelalterliche Glaserwerkstatt in Bad Windsheim. In: Glasproduktion. Archäologie und Geschichte. Beiträge zum 4. Internationalen Symposium zur Erforschung mittelalterlicher und frühneuzeitlicher Glashütten in Europa. Trier: 2012, S. 183-194.

Kutschke, D.: Glas in der Antike. So verbreitete sich Glas um das Mittelmeer. Kiel: Grin Verlag, 2013, 20 S.

Lee, L., Seddon, G., Stephens, F.: Welt der Glasfenster. Zwölf Jahrhunderte abendländische Glasmalerei. Freiburg im Breisgau: Herder-Verlag, 1981, Zweite Auflage, 206 S.

Nikitsch, E. J.: Glasmalerei mit Bauinschrift aus der Karmeliterkirche in Boppard. Deutsche Inschriften Online, DI 60, Rhein-Hunsrücks-Kreis I, Nr. 72, 2004.

o. A.: Ägypter brannten Glas in Bierkrügen. Spiegel, Wissenschaft, 17.06.2005.

o. A.: Der Dom zu Augsburg. Kunstführer Nr. 516. Passau: Kunstverlag PEDA, 1997, 30 S.

o. A.: Glasmalerei vom Mittelalter bis zur Neuzeit. Erwachet, 1991, S. 22-24.

o. A.: Kunst kennt keine Provinz. Bonn: Deutsche Stiftung Denkmalschutz, 2015.

o. A.: Kunst kennt keine Provinz. Bonn: Deutsche Stiftung Denkmalschutz, 2015.

o. A.: Wie entsteht die Farbenpracht der Kirchenfenster? Freie Presse, 15.12.2017.

Paczkowski, J.: Was erzählen Glasfenster des 19. Jahrhunderts? Berlin: Bronnbacher Gespräche, 04.02.2015.

Scholz, H.: Albrecht Dürer und das Mosesfenster in St. Jakob in Straubing. Berlin: Deutscher Verlag für Kunst wissenschaft, 2005, 24 S.

Schrader, M.: Fenster, Glas und Beschläge als historisches Baumaterial: Ein Materialleitfaden und Ratgeber. Suderburg: Edition Anderweit Verlag GmbH, 2015, 304 S.

Steppuhn, P.: Tragisches Ende einer Glashütte. In: Mitteilungen der Deutschen Gesellschaft für Archäologie des Mittelalters und der Neuzeit. Paderborn: Neumann Druck Heidelberg, 2005, 16, S. 86-91.

Steppuhn, P.: Flachglasproduktion und Flachglashandel vom Hochmittelalter bis zur Frühen Neuzeit in Deutschland und den Niederlanden. In: S. Bretz, C. Hagnau, O. Hahn und H.-J. Ranz (Hrsgg.), Deutsche und niederländische Hinterglasmalerei vom Mittelalter bis zur Renaissance. München: Deutscher Kunstverlag, 2016, S. 90-99.

Veronique, D., Herold, M.: Vitrail V-XXI Siecle. MONUM – EDITIONS DU PATRIMOINE, 2014, 592 S.

Walter, H.-H.: Farben, Metalle und Chemikalien aus Bergfabriken. Gesellschaft Deutscher Chemiker (GDCh), Bd. 15, 2000, S. 62-80.

Wedepohl, K. H.: Glas in Antike und Mittelalter. Stuttgart: E. Schweizerbart'sche Verlagsbuchhandlung, 2003, 228 S.

Wehrle, U.: Diese Geschichten erzählen die Münsterfenster. Badische Zeitung, 07.09.2016.

Lichtblick – vom Zauber der Kirchenfenster. www.bene-magazin.de

Münchner Kunstdetektive – kuki-muenchen.de https://fensterkultur.de/author/admin/

Polytechnisches Journal. http://dingler.culture.hu-berlin.de/article/pj213/ar213039.

Ramharter, K.: Das Glasfenster der Hl. Margarita in Stift Ardagger. Heimatkundliche Beilage zum Amtsblatt der Bezirkshauptmannschaft Amstetten, Nr. 211, 1989. https/www.farfeleder.at/leopold/fest.htm

Technik im Mittelalter des 13. 14. ...und 15. Jh. www.farfeleder.at/leopold/fenster

Verzeichnis der Abbildungen

Illustration des Covers:

Vorderseite: Der Baum von Jesus. 1540. Glasmuseum Chartres. Chartres, Frankreich.

Rückseite: Christus als Schmerzensmann mit Stifterpaar aus Arnstein-Lahn, um 1510-1520. Mittelrhein. Farbiges Glas, Schwarzlotbemalung. LWL-Museum für Kunst und Kultur, Münster/Westfalen.

Bei Aufnahmen, die nicht von A. Meyerovich stammen, ist der Nachweis angegeben.

Haftungsausschluss

Urheber- und Kennzeichenrecht

Die Buchautoren sind bestrebt, in allen Publikationen die Urheberrechte der verwendeten Bilder, Grafiken, Tondokumente und Texte zu beachten, von ihnen selbst erstellte Bilder, Grafiken, Tondokumente und Texte zu nutzen oder auf lizenzfreie Bilder, Grafiken, Tondokumente und Texte zurückzugreifen.

Vor einer Abmahnung bitte mit den Autoren in Verbindung setzen.

Wenn der Inhalt oder die Aufmachung der Seiten dieses Buches gegen die Rechte Dritter oder gesetzliche Bestimmungen verstößt, so wünschen die Buchautoren eine entsprechende Nachricht ohne Kostennote. Er werden die entsprechenden Bilder, Grafiken, Tondokumente und Texte korrigiert oder gelöscht, falls zu Recht beanstandet.

Impressum

Texte:

Verlag & Druck:

tredition GmbH, Halenreie 40-44, 22359 Hamburg

ISBN

Softcover: 978-3-347-99757-8

Zeitfracht Medien GmbH
Ferdinand-Jühlke-Straße 7,
99095 - DE, Erfurt
produktsicherheit@zeitfracht.de

FSC
www.fsc.org
MIX
Papier | Fördert
gute Waldnutzung
FSC® C083411